児玉博之

有機農業

「エデンの園」に還れ

良い地に蒔かれた種は
百倍の実を結ぶ

一粒社

土に立つ者は倒れず
土に活きる者は飢えず
土を護るものは滅びない

二〇一六年八月

児玉博文

推薦のことば

日本イエス・キリスト教団委員長
神戸中央教会牧師　川原崎　晃

この度、敬愛する児玉博之先生が、先生の生涯のライフ・ワークとも言える課題を一冊の書物にまとめて出版されることになりました。『有機農業「エデンの園」に還れ』との本題からは、何を語っておられるのか、今この時代に向けて何を求めておられるのか、と様々に思いが及びます。

ところで、先生は若くして福音宣教のために献身され、伝道者として長らく「日本ミッション」における病院伝道の働きに従事してこられました。そこでは、イエス・キリストによる魂の救いの伝道を中心に、病める方々の癒しのために仕えてこられたのです。後には「日本キリスト伝道会」から巡回伝道者としての任命を受けられて全国を巡回され、とりわけ農村の教会に仕えることに重荷を持ってこられました。

そして今、これまでの働きを継承しつつ、新たな使命として、神から与えられた人間の体と自然の恵みを正しく管理するために、「農と食」にスポットを当てて聖書に聴き、聖書に生きることを願って「有機野菜栽培研究会」を起こされて啓蒙活動をしておられます。

このような先生の伝道者としてのご奉仕の背景には、いつも一つの着眼点をお持ちであったと理解しています。それは、人間を霊と心（魂）と体と分割して考えるのではなく、これらは有機的に統合されていると全人格的に捉えておられます。

確かに、私たちが現在住んでいるこの世界には、罪悪がみちみちており、日々にマスコミが伝えるニュースを聞くに堪えないものがあります。あまりにも暗い出来事が多すぎます。まさに、人類の最初の人が罪に陥ってからの様相、とりわけ欲望うず巻くソドムとゴモラのような様相を呈しているといっても過言ではないでしょう。

こうした罪に満てる世界の現実を直視し、その罪の暗黒から救い出されて永遠の命の光に招き入れられるように、神の救いの良き訪れを伝えることは急務です。しかし、同時に、神によって創造された世界は、たとえ人間の堕罪の結果ゆがめられ、汚れに満ちたものになってしまったとはいえ、依然として全能の神の御手によって創造された世界であり創造の冠である人間なのです。

創造主の御手は今もなお力強く、この世界の中に働き続けておられるのです。このような視点から、創造された自然界と人間についてこれまで探求されてきましたし、なおあらゆる角度から探求することを試みられていくことが大切です。先生は、その証者また実践者のお一人です。

月刊「エデンの園」が一〇〇号を迎えられた記念すべきこの時、先生の使命と重荷の証しとしての著書『有機農業「エデンの園」に還れ』を通して、私たちは謙虚に聞き、考え、聖書に立った実践がなされることを祈り願いつつ、本書の推薦とさせていただきます。

二〇一六年八月

はじめに

時は第二次世界大戦の末期、東京空襲の危険が迫っていた頃です。家族は、兵器工場に動員されていた父を残して、岡山県の山深い田舎に疎開しました。戦争が終わって、父は帰って来るとそのまま倒れて、三十八歳の若さで病死したのです。

残された、祖父と母と十歳の私を頭に五人の子供たちとの生活は、荒れ地を開墾して日々の食料にする麦や芋を植え、収穫してようやく生活するあり様でした。しかし限られた田畑での農業は、作物にやる肥料などなく、どんなに働いても次第に衰退し、荒廃して行くしかなかった事を見てきました。

やがて私は大阪に出て、がむしゃらに働きました。しかし、無理がたたって喀血し、入院、療養を余儀なくされたのです。六年間の療養生活の中で絶望の人生をさ迷っていた私を、神は憐れんでくださり「日本ミッション」の伝道者を遣わしてくださいました。

間もなく私は、イエス・キリストを救い主として信じ受け入れ、そして退院するとすぐに洗礼を受け、聖書を語る使命を確信しました。一年後、神学校で学び、以来、病床伝道、

はじめに

文書伝道、放送伝道に遣わされ、また牧師として二つの教会に携わって来ました。

しかし、年を重ねるごとに神の農業に対する御心が、押え難く自分の中に迫って来たのです。「あなたがたは正義の種を蒔き、真実の実を刈り入れよ。あなたがたは耕地を開拓せよ。今が、主を求める時だ。ついに、主は来て、正義をあなたがたに注がれる。」（ホセア一〇・一二）

一九九九年、私が六十五歳になったとき、有機農業を実践することを決意し、岡山市に念願の土地を購入しました。ここを新たな伝道の拠点にしたい、と希望に燃え、少年のころ祖父から学んだ有機農業を始めたのです。さらに「有機野菜栽培研究会」を立ち上げ、農家伝道の専門誌「エデンの園」（月刊）誌を、全国に発信しました。今年（二〇一六年七月）に一〇〇号を発行し、一〇年目になりました。

ところで「有機野菜栽培研究会」を立ち上げた翌年（二〇〇〇年）、「日本キリスト伝道会」より、巡回伝道者の任命を受けました。神のご計画を覚えつつ、以来全国の農業に励んでいる人々を励まし「何よりも創造の神への信仰に生き、与えられた農業が使命であることに自信を深めてほしい」と、招かれた所に出向いて主を伝えて来ました。

農村の教会、農家の人々に対して、神の救いと農業の恵みを伝え、有機農業こそ村の生きる道であり、希望であると語り続けています。

この度「エデンの園」誌に掲載したものを訂正、加筆して上梓することになりました。日頃「エデンの園」誌を読んでくださる多くの方々、また家族の健康の事を思って有機野菜の栽培に興味をお持ちの皆さまに、ご一読頂ければ幸いです。

二〇一六年八月

児玉博之

目次

一章　人生のターニング・ポイント

関西聖書神学校卒年記念（1968年）

どん底で受け取った聖書が人生を変えた

だれでもキリストのうちにあるなら、その人は新しく造られた者です。古いものは過ぎ去って、見よ、すべてが新しくなりました。（Ⅱコリント五・一七）

罪と病のどん底まで落ちて

一九四五年八月、私が九歳の時、第二次大戦は終った。ほとんどの都市はB29の爆撃で焼土と化した。食糧はじめすべての生活物資の不足で、誰もが栄養失調の様相を呈していた。そこへ帰国兵がどっと戻ってきた。我が家から三人の叔父が出征していたが、二人は無事帰還し、一人は戦死して悲喜こもごもだった。復員兵は軍服ひとつ、唯一のおみやげは熱帯地方の感染力の強い結核菌だった。間もなく日本中に感染が爆発的に広がり、家族全員が結核に侵される事態も起きていた。

草深い田舎にも結核菌はばら撒かれ、少年の私は感染していたが、この事に気づいていなかった。父を早く亡くし、長男の私は弟妹の学費のため働かなければならない。高校卒業後、大阪に出て食品・菓子卸会社に就職した。食料品が自由に出回りはじめ、会社は多忙をきわめ、早朝から夜遅くまで働き通しだった。

社員寮は商品倉庫の地下室で、人間より商品の方が大切にされる会社だった。寮は、全く日光は当たらず、牢獄のような風通しもない大部屋に、社員が枕を並べて雑魚寝だった。そこは昼間でも裸電球ひとつだった。そして布団は、いつも湿気っていた。

やがて、一軒の菓子小売店の責任をまかされるようになった。その頃、運悪く「スーパー・ダイエー」が近くに開業して、小売店の客足は減って行った。スーパーの力を知らない私は「何くそ、ダイエーなんかに負けない店にしてみせるぞ！」と内心叫ぶものの、店の売り上げは減る一方だった。苛立つ気持ちから、夕方の売上げ計算の前に二、三千円をポケットに隠し、閉店後、大阪キタの盛り場に遊びに行く日が続いた。最終電車に間に合わず、タクシーで帰る日もあった。

深夜ヘッドライトをつけて、ゆっくり走る車に手を上げ、止まると警察のパトカーではないか。「どうした。……」と聞かれ、名前や住所、年齢を素直に答え「宿舎に帰れない」と訴えた。警察官は犯罪者ではないと分ると、「夜中まで遊ぶな。今夜は送ってやろう。金はいらん。」と言って車に乗せてくれた。訊問は、不審な私の居所を確かめるつもりだと思うが、自分としてはタクシー代が浮いて、得した気がしたことを、今も覚えている。不調なからだを押して、朝まだ酒の抜け切らないまま店に立つと、体は火照《ほて》り咳も絶え間なく出る。ある日の午後、突然激しい咳と共に肺から血が吹き出してその場に倒れた。病院にかつぎ込まれると「すでに重症の結核で肺の組織は崩れ、咳の度に菌は飛び散っている。店に戻ってはいけない。」と厳しく注意され、即刻入院を命ぜられた。

社員寮の地下の大部屋から、他に二人の病人が出た。少年時代の結核の感染が、最悪の環境で重症化し、同僚に感染したことは分ったが言えなかった。

聖書に出会い、救いから献身へ

失意の療養生活の五年が過ぎて、ようやく回復の兆しが見えてきた。ある日、国際ギデオン協会から患者に、新約聖書贈呈の案内と、申込書が病室に配られた。その頃、私は退院後の仕事のヒントになりそうな本を読みあさっていたので「聖書など読んでいる暇はない。」と無視していた。

数日後一人ひとりに、B六版の小さな新約聖書が手渡された。回復期の病棟は本館から離れていて、一二台のベッドが並ぶ大部屋で規制もゆるく、看護師も滅多に来ない。それをよいことに患者は、ギャンブルに耽る者、一日中マージャンをするグループ、酒を飲む者、病床を抜け出して町にパチンコ通いをする者など、まじめな者は少なかった。

そんな連中が、私を除いて皆んな聖書を受け取っている。それを見て、自分だけが取り残され、損をした気持ちになり、係の人に「自分は注文していなかったが、今からでも貰えるか」と尋ねると「予備がありますから……」と、聖書を手渡された。先に貰った人達は聖書を読んでいる様子はなく、いつの間にか雑誌や新聞にまぎれて消えて行った。

もともと読書好きな私は、せっかく貰ったのだからと、その日から夢中になって読み始めた。何かひとつの事を始めると、とことんのめり込む性格なので朝から夜まで読み続けた。旧約聖書もあると聞いて、訪ねて来る牧師を通して買った。

聖書のどの頁からも、罪という言葉が飛び込んできて心を刺される。入院前にいっぱい悪いことをして来たし、この病気になったのも不摂生をして体を壊したんだと悔やんでいた。一週間後「ギデオンの協会の方が話をされるので、集会室に来てください」と誘われた。集まったのはクリスチャンの患者たちと私、それにギデオン協会の二人と病床伝道の牧師、全部で二〇人位だった。聖書は二〇〇冊配られたそうだった。

生まれて初めて聞いた聖書のメッセージは、ルカの福音書二三章で、ゴルゴダの丘の上に立つ三本の十字架の話だった。イエス・キリストがまん中で、両側に強盗犯が十字架につけられている。ひとりの強盗はイエスを呪い、もうひとりは「自分がこうなったのは当り前だ」と、罪を告白し、許しを求めている。

主イエスは「今日、わたしと一緒に楽園《パラダイス》にいる」と、分かりやすい単純な救いのメッセージだった。この聖書の呼びかけは、私の心を据えた。「自分はあの強盗ではないか」と強く迫られ、集会の人たちの中で私ひとり、救い主イエス・キリストを信じる告白をした。その夜、心に言い知れぬ平安が訪れた。翌日から私は救いのよろこびを、療養所中を廻って証しし始めた。

晩秋の庭掃除で、積み上げた落葉を燃やしたり、住宅火災が起きると、初めのうちは手のつけられない程激しく燃え盛るものだ。「主のみことばは私の心のうちで、骨の中に閉じ込められて燃えさかる火のようになり、私のうちにしまっておくのに疲れて耐えられません。」（エレミヤ二〇・九）というように、私の心もそんな状態だった。

「児玉が、クリスチャンになった。」と療養所中に知れわたり、興味を引いたのか、それ迄二〇人ほどの集りが、多い時には百名ほどにもなった。このことから、退院後、進む道を模索していた私は「キリストを伝える牧師になろう」と思いはじめた。週一回訪ねて来る牧師が待ち遠しく、具体的な罪の告白と、続いて献身の決意を手紙で書き送った。

生まれて初めて聖書を手にした、一九六二年春から夏の三か月、嵐がやって来て一切を押し流したような大転換は、私の人生のターニングポイントとなった。

ひとつのキリスト教会を目指した一伝道者の歩み

その時、キリスト教は世界の宗教だから、教会はひとつだと思い込んでいた。実は、まだ町の教会へは行ったことがない。洗礼のことも、聞いたこともなかった。知らないことばかりだった。

間もなく、教会は沢山の教派があって、必ずしもひとつではないと教えられ、がっかりした。それなら、分かれている教会をひとつにする働きをしようと、単純に思い込んだ。後で、それは大それた思い上がりだと分かった。それでも教派を超えて伝道する宣教団は、幾つもあることを知って、「これだ。これが私の進むべき道だ。」と直感して決めた。

教会を知らず、病床で「月足らずで生れ」てクリスチャンになり、伝道の使命を確信した私は、生涯一貫して宣教に徹する伝道者の道を歩むことになる。

六年の療養生活に、ピリオドを打って退院した。しかし故郷の岡山には帰らず、私を導いてくれたK牧師が所属する宣教団「日本ミッション」に駆け込んだ。一九六四年、晴れて関西聖書神学校に入学した。長い病気の後であったが、四年間の学びを終えて無事卒業した。正式に、宣教団・日本ミッション伝道師として迎えられ、そこで婦人伝道師をしていた長谷川喜代子と結婚した。お互い、弱い者同士のために「健康な家族づくり」を家庭の第一の目標として努力を続け、夫婦も子どもたちも病気ひとつしない家族になった。

以来、病床伝道、巡回伝道をし、その傍ら福音放送「よろこびの声」のラジオ牧師として二五年携わった。(月刊伝道誌「よろこびの泉」の執筆は、それ以来いまも続いている。)

その後、日本聖約キリスト教団・カペナントチャペル、ラヴィール岡山・グレースコート教会の牧師を歴任した。

振り返れば、岡山から大阪に出て就職し、社員寮の地下の地獄のような部屋を寝床とし、真夜中まで巷に快楽を求めてさ迷っていた青春時代だった。その無理がたたって六年も続く病床生活の終わり頃、同室者が読みもしない聖書を求めるのを見て心を動かされ、自分も聖書を読んでみようと思った。

このような暗黒とどん底の二十代を通って、初めて、神は私を福音の輝く世界へ導かれる摂理のストーリであった。

「私たちは、やみのわざを打ち捨てて、光の武具を着けようではありませんか。遊興、酩酊、淫乱、好色、争い、ねたみの生活ではなく、昼間らしい、正しい生き方をしようではありませんか。」（ローマ一三・一二―一三）

私がたどった農業人生

農夫は、大地の貴重な実りを、秋の雨や春の雨が降るまで耐え忍んで待っています。

（ヤコブ五・七）

牛と共に過ごした少年期

ところで話しは戻るが、私の少年時代、どこの農家にも牛を二、三頭は飼っていた。それは肉や牛乳を生産するためではなく、農作業の担い手として無くてはならない存在で、家族同様に心に掛けていた。春先、水がぬるみ始める頃と秋のはじめ、牛は鋤を引いて全部の田畑を掘り起こし、耕してくれた。

収穫期には、米や芋、大根など牛車に積んで家まで運ぶ役割もある。牛糞堆肥はとても重いので、竹籠に入れて堆肥小屋から畑まで何度も往復する。牛は自分の役割をわきまえていて、準備が出来るとさっさと牛車を引き始めるので、何も指示をすることはない。そんな従順な働きものに、家の者は感謝の気持ちをもって大切にしていた。

毎日の牛の餌は、田畑の畦におい茂る雑草で、毎朝と夕方、鎌で刈り取って与える。農繁期にその仕事は、子供にまかされる。それゆえ、今でも草刈りは身についていて得意だ。草をきれいに刈るので、見ている人はびっくりする。冬の草のない季節は、稲わらを五センチ程にきざんで少し水で湿らせ、米ぬかやクズ米をからめて飼い葉桶一杯にする。これが牛の一食の分量であった。

農作業のない夏には、牛を山に連れて行って放すと、生えている雑草を食べたり、木陰に座って休むなど、一日中のんびり過ごす。牛にとって休養とストレス解消の時で、秋の農繁期に備えて体力回復になる。そして夕方迎えに行って、綱を引いて牛舎に連れて帰る。

これは、小学校五、六年になる男の子の役目だ。飼われている牛は、気性のおとなしい雌牛（雄牛は荒々しく、扱いにくい）で、三年目には子牛を産んでくれる。

妊娠した母牛は夜中じゅう、出産が近ずくと「モー、モー」と鳴いて、人間の助けを求める。祖父がひと晩中、牛の腹をさすったり声を掛けて励まし、腹の奥から足が出ると子牛の足をつかんで引っ張り出す。牛も人も汗だくで、この時こそ牛の生命が一番危険な時だ。子牛は生まれて一時間もすると立ち上がり、母牛の乳房をさがして乳を飲む。

子牛は家人によくなつくので、子供たちのよい遊び相手だった。六か月程で乳離れすると、「牛買い人」がやって来て、引き取って行く。牛の必要な農家に仲介してくれて、わずかばかりのお金が入る。牛が年老いて労働ができなくなると、それも牛買いに引き取ってもらい、若い牛に代替わりをする。

戦後十数年たった頃、農家から牛が一頭もいなくなった。農協（農業協同組合）職員の農業指導者がやってきて「これからは、機械化の時代だ」とエンジン付の耕転機《こううんき》を購入することを勧め、村人は競って購入しはじめた。そして牛の役目はなくなってしまった。私の家は貧しく畑も少ないので、牛と人間で農業を続けた。実は今、ヤンマーの耕耘機は買ってあるのだが、どうしても使いこなせないので、自分の手で耕している。

耕耘機が入り、牛がいなくなると堆肥が作れなくなり、農協の勧めで化学肥料と農薬を使用するようになった。耕地面積はアメリカの百分の一、いや千分の一なのに、アメリカ式農業が岡山の深い山の中にまで浸透してきた。村人は見栄を張って皆んな買った。

知らずに実践してきた有機農法

私は、有機農業を人に説明する時、「江戸時代の農業を実践している」と言っている。それを聞いた人からは「どのようにして？」と驚きの質問が返ってくる。私の祖父は明治の前、慶応時代の生まれで、一生を農業に生きた人だ。私が少年の頃、今から六、七〇年前、祖父から農業の指導を受けた。それはほとんどお金をかけず、すべてを自給する「持続循環型農法」だった。

たとえば、稲作で米を収穫した後の、ワラ、モミガラ、米ぬか、そして稲株と根までの利用価値は、限りなく広範囲で生活全般にわたって用いられる。農業には、捨てるものは何もない。

今は、米を収穫した後はすべて廃棄物として、捨てられている。本来農業は、時間と手間をかけ、身近にあるものを利用すれば、肥料、除草、害虫駆除などほとんどお金をかけない。しかも栄養豊富な作物が、驚くほど稔る。さらに年々土壌は、良くなってくるのだ。

今日、自然破壊が急速に進む原因は、工業だけでなく、農業に於いても、資源を大量に無駄使いして廃棄し、化学物質で環境を汚染しているからではないか。そのようにして次世代に残すべき資源を枯渇させ、人類と地球の寿命を縮めている。

しかし一五〇年も前の日本人の知恵は、いつまでも豊かに生きて行ける「持続環境型社会」を維持して行くことを目指していたということは、驚くべきことである。

少年時代貧農の家庭で身につけた克己心

私は岡山の深い山の中で、わずかな農地で青年期までを過ごした。父を十歳で亡くして、母は長男の私を頼りに農作業に明け暮れていた。家に仕事がないと、隣り近所の大きな農家に雇われて、働きに出る日々だった。

農家の主人は、少年の私に、今日は「これと、これ」と一日には十分過ぎる量のノルマを命じて、ひとり畑に置いて行かれた。

地主の家族と一緒に働くことはない。でも夕方地主が見に来て、仕事の量を確かめて帰るように言われるまで、夏だと一二時間ぐらい、黙々と休むことなく頑張った。そんな姿は、家にいる母も知らない。

これが私の心を強くし、誰も見ていなくても陰ひなたなく働く精神力が養われたと、老境に達した今も感謝している。

私の体が小さい訳

家では鶏を十数羽飼っていた。農協を通じて、どの家にも養鶏を奨励されたので、どの農家も飼っていた。鶏の餌は、米ぬかや菜っ葉など、自給だが、毎日産む卵は家庭で食べるためではなく、売るためで、農家にとって多少でも毎日得られる現金収入となった。

少年の頃、鶏を飼っていたのに卵を食べた記憶が全くない。食事は麦の方が多い麦飯だった。米は、麦をつなぐために少し混ぜられていた。一汁一菜で動物性タンパクなど、口にすることは滅多になかった。私の体の小さいのは、そのせいで私と同年代の人で大きい体の人を見ると「この人は金持ちの家に生まれ、成長期にタンパク質のご馳走を沢山食べたに違いない」と、思ってしまう。

実は、男四人兄弟（私が長男で末の妹は五歳で死亡）で、もっぱら母と農作業に明け暮れていた。三男の弟は、鶏の世話をまかされ、餌やりや採卵を毎日していた。一日おきに卵を買い付けに来る業者に、卵を渡すのだが、どうも我が家の卵は飼っている鶏の数に比べて、いつも少ない。これは餌が足りないのだろうと、家人は思っていた。ところが三男はひそかに毎日一、二個生卵を食べていたのだ。

卵をお金にかえて、生活必需品を買うためにと母に言われ、他の兄弟は卵をひとつも食べることはなかった。これが少なくとも五、六年は続いたようだ。その事は、あの頃から三〇年もたって、弟が告白して明るみに出た。実は、その弟だけがずば抜けて体が大きい。その頃、なぜだろうと不思議に思っていたが、その謎が解けた。

年間、少なくとも五百個の卵を食べ、他の兄弟は一つも食べずに成長期を過ごしたのだから、その差は歴然としている。でもその三男は脳出血で倒れ、続いて膀胱癌《ぼうこうがん》で大手術、次男はくも膜下出血で亡くなり、体の小さい長男の私が今も健康を保って、活動を続けている。

農業はクリスチャンに与えられた第一の使命

こうして、私の生涯の中で、都会に出てどんな仕事をしている時も、農業に対する思いが強く、他人の田畑の土の良し悪しや、作物の育ち具合を眺め、日本の農業の移り変わりを見てきた。何度も転勤しながら、住まいに庭があれば、花や樹木よりも野菜を作り、貸し農園を探して、いつも何かを作り続けて来た。

今から一七年前、少しばかりの土地を得て、少年の頃の農業を再現して、有機農法にこだわっている。しかし、本当に農業に対する情熱に火がついたのは、聖書に出会ってクリスチャンになり、農業は創造の神が人をご自身のかたちに造り、エデンの園を与えて「土を耕しなさい」と管理者としての使命をアダムに与えてくださったからだ。

その後、増加する人類の食糧を「あなたの手で人々に与えなさい」と、特にクリスチャンに対して期待していることを示されている。気付くと私は神に召されたアダムなのだ。

農業ほど直接人を益するものはない。人間が一日も欠かすことのできない、食料の九五パーセントは、陸地（農地）から産出している。いのちを育て養い、今日一日を生きる活力を補給し、未来へ子孫をつないで行く基本となるものは、食べ物なのだ。

主イエス・キリストは、弟子たちが「私たちにも祈りを教えてください」と教えを求めた時「日ごとの糧を毎日お与えください」と天の父に祈れと示された通りだ。額に汗して黙々と働き続ける農業者は、宇宙飛行士のように脚光を浴びたり、科学者のようにノーベル賞の栄誉を受けることもない。名もなく縁の下の力持ちとして、一生を終えるだろう。しかし天の報いは永遠である。

私に、もし再度人生が与えられるならば、規模の大きい有機農業を展開して、日本の農業界を引っ張って行きたいと願う。

「収穫は多いが、働き手が少ない。だから、収穫の主に、収穫のために働き手を送ってく

ださるように祈りなさい。」(マタイ九・三七―三八)

聖書による農業の起原

神である主は、その土地から、見るからに好ましく食べるのに良いすべての木を生えさせた。…神である主は人を取り、エデンの園に置き、そこを耕させ、またそこを守らせた。

(創世記二・九、一五)

人類は誕生の最初から、土を耕して食糧を得る農業を生業《なりわい》として生活していたことを聖書は啓示している。その出発地として神が備えられた住まいと農地を「エデンの園」と名づけ、その環境は緑あふれる、まさに地上の楽園であった。ヨーロッパの画家たちは競ってエデンの園を題材として描き、沢山の名画を残している。

食べておいしく、見た目にも美しい栄養豊富な果実、野菜、穀物は多種多様で「あなたは、園のどの木からでも思いのまま食べてよい。」(創世記二・一六)と神は仰せられ、好きなものを選ぶのに十分な種類があったことがうかがえる。

エデンの園には、四つの水量豊かな河が縦横に流れ、全地を潤して豊饒な耕地が広がっていた。神の期待は、その地を勤勉に耕して必要な食糧を生産し、すべての民に供給すること、又エデンの園全体の自然を保護して行くことだった。

神は農業を初めさせるに当たって、よく肥えた土地、多様な植物の種類と、それらの成長と実を結ぶ固有のプロセスなど、何ひとつ欠けることのないよう、すべてを備えて委託された。

さらに地球環境は、植物が光合成をするために必要な太陽の光、生長に欠かせない水の環境、栄養を吸収する根と土の中での絶妙な働きをする、無数の微生物の存在。さらに大きくは太陽を中心とし、地球を最も良い環境に焦点をあてた太陽系惑星の恒久不変な運行、これらすべては万物創造の神のみ業によるものだ。実際農業をすると人間が働く部分はいかにもわずかで、九九パーセントは神の恵みであることを実感する。

一日の昼と夜を単位として、一年三六五日を四つの異なった特徴をもった季節の移り変りがある。もしこれらが規則正しく繰り返さず不規則であったら、植物も動物（人間）も到底、生きて行くことはできない。

このような、大きな宇宙大の神の恵みの贈りものである自然界の営みに信頼し、祈りをもって生きて行くのが、本来人間のあるべき姿だ。今日の農業従事者に欠けているものに、このグローバルな宇宙の創造と、不変の法則を堅持する全能な神への信頼と、感謝の欠如ではないだろうか。あなたも是非、聖書の始めの書、創世記一、二章を注意深く読んでもらいたい。祝福に満ちた創造の神の配慮に驚きと感謝の気持が湧いてくる。

田畑として利用できる土の条件

一九六九年、アメリカのアポロ宇宙ロケットが人類を月に送り、無事帰還した。アームストロング船長が月の上を歩く様子を私たちはテレビに釘づけになって見た。地球の六分の一しか重力のない月での活動は、ビデオのスローモーションを見るようなゆっくりとしたものだった。

月の上を歩く人間、その足元に立つ土ぼこり、足跡は今も目に鮮かによみがえってくる。ところが月には、土があったのだろうか。結論から言えば、土はなかった。

宇宙飛行士がフワフワ飛ぶように歩く足元で、少量の石の粉と宇宙のチリが乾き切った月面に舞い上がっていた。実に、土はあらゆる天体の中で地球だけに与えられている、すべての生命（植物、動物、微生物）をはぐくむ、他のどんな高価なものより貴重な資源なのだ。土のない世界に、生命は存在しない。

土とは、何だろう。土の材料は、岩石が風雨と熱によって細かく砕かれ、直径〇・〇二ミリ以下になった石の分子（粘土）だ。それに、そこまで砕かれていない小粒の石（砂）だ。これは月にあるものと、同じものだ。ただそれだけでは、本当に価値ある土ではない。

土を分析すると、四分の一は空気、四分の一は水、つまり土の容積の半分は空気と水で占められているのだ。土の中の半分が水と空気であることは、植物を育てる根にとって基本的で大切な要素であるということだ。さらに四分の一・五は粘土と砂で、最後に四分の〇・五が有機物である。

有機物とは、木や草、落葉、動物の糞や死屍などがまざっているものの総称だ。さらに、ほとんど重量や容積として計ることのできない、肉眼では見えないほど小さな土中昆虫、微生物――バクテリヤ、藻類が数千種類も存在しているのだ。

これらの微生物は、一グラムの土の中に一億から、よく管理された土には一〇億もいることが確かめられている。この土中昆虫や、微生物が有機物を餌にして繁殖し、無機物である、窒素、燐酸、カリューム、カルシュームに分解する。植物は、有機物を直接根から吸収できないので、微生物によって無機質に分解されたものを栄養として吸収する。

このように、土の中で休むことなく続けられている生態系の働きは、人間の編み出したものではない。植物の生長のために、創造のはじめからご計画によって営まれている神のみ業にほかならない。

神から離れた人間は、創造者が人類に与えた自然界の絶妙なシステムを軽視し、さらに多くの収穫を得ようとして、化学合成肥料（微生物が有機物を分解した肥料ではなく――窒素、燐酸、カリューム、カルシューム）を直接根に与えて強制的に吸収させて、作物を速成栽培するのだ。その結果、土の中はバランスが崩れ、微生物は死滅して、死んだ土になってしまうのだ。

良い地にまかれた種

神である主は人を取り、エデンの園に置き、そこを耕させ、またそこを守らせた。（創世記二・一五）

農業をやろう

「農業をやる」と言えば、広い土地を持たなければ、それに作物を育てる知識や経験、加えて時間や労力、情熱、そういったものを持たない者にできるはずがない、と皆んなあきらめてしまう。でもその気になれば、庭のほんのわずかな土地や、マンションのベランダにプランターを置いて、ホームセンターで土と苗や種を買ってきて、育てることができる。

どんなに規模は小さくても、それが農業の第一歩だ。現実は、広い田畑を持つ農家の人でさえ耕作する情熱を失って、農地は荒れ放題という状況も少なくない。なぜなら、外国から安い食糧が大量に入ってきて、日本の農家が少しぐらい作っても、農協や流通業者は見向きもしてくれないからだ。田舎に行けば、十分食べられる農作物が収穫されず見捨てられている。

第二次世界大戦で、日本の都市のほとんどすべてが焼土と化した。工業と商業は壊滅的打撃を受けたが、革命や暴動も起こらずに復興して行ったのは、唯一残った農業が十分ではなかったにせよ国民に食糧を供給でき、日本の危機を救ったからだ。その実績を政府は評価せず、日本の農業を粗末にしてきた。やがてその付けは、厳しい世界的食糧不足が起こった時、払わなければならないだろう。

七〇年前、政府はアメリカの余剰農産物の押し売りを受け入れ（戦後間もなく、無償の食糧援助を受けたが）、工業優先の政策を取り続け、日本の農業を軽視して、食糧を外国に依存する路線を走ってきた。人間は農業による生産物がなければ、一日も生きて行けない生きものだ。野生動物は、成長して親離れした日から、自分で食物を見つけることができなかったら、死ぬほかにないのだ。

私たちが一生の間に食事をする回数は、八億七六〇〇回だ。それは一日三回とし、一年三六五日、平均寿命八十年、これを掛け合わせるとこうなる。こんな、ゆるがせに出来ない大事な営みを、これまで欠けることなく食物は廻ってきたので「これからも、何とかなる」と、まるで他人ごとのようだ。自分で確保する（買ってきて手に入れることではない）努力を全くしないで、何とかしてくれる人がいる、と思い込んでいるのだ。

日本は、おもにアメリカ、カナダ、中国から必要な食料の六〇パーセント以上を輸入して、食べている。穀物に至っては、七三パーセントを輸入に頼っている。四方海に囲まれた日本にとって、これは非常に危ない綱渡りの食糧環境ではないだろうか。

ひとたび輸入が止まったら、日本人の三人に二人は死ぬほかないのだ。世界の食糧生産状況は、年ごとに悪化している。今は発展途上国の犠牲の上に、日本は金にものを言わせて強引に輸入し、高級食材を買いあさってグルメブームが続いている。

地球の耐用年数は二万年、と言われている。産業革命以来、二〇〇年足らずで地球に備えられていた資源の大部分は使い果たしてきた。そして今日、地球は終末的困難に直面している。開発途上国の人口爆発、温暖化による気候の激変、緑地の砂漠化、農地の疲弊と表土流失、水資源の枯渇、どれをとっても迫り来る食料危機の前ぶれだ。

社会主義国キューバが約二〇年前、大変な食糧危機に陥った。アメリカの言うことを聞かない、キューバのカストロ首相に対して、アメリカは一切の援助を打ち切る経済制裁をして、物資の輸出入を禁止した。丁度、同盟国であったソ連が崩壊して、それまで、ソ連から十分な援助を受けていたのにピタリと止まった。エネルギーと食糧のほとんどを、外国に依存してきたキューバにとって、この危機をどうやって乗り越えただろうか。

そこでカストロ首相は、強力な指導力を発揮した。それまでの輸出作物、さとうきびやコーヒーの栽培をやめ、自国民の食糧作付けに切り換えた。国を挙げて農業を第一に、しかも石油エネルギーを使わない昔からの伝統農法、無農薬、有機肥料栽培を徹底した。

首都ハバナでさえ空いた土地、ビルの屋上、道路わき等あらゆる空間で食料生産をした。国の重要人物、大学教授、学者達は農業研究を特化して進め、成果を人に伝え、警察官、主婦も老人も挙国一致して労働した。農業技術は、かつてないほど向上し、収量をあげ、国の隅々まで飢える者のないように分配した。こうして食糧危機を、みごとに乗り切った手本を、世界に示した。

今、日本に同じことが起こったら、そんなエネルギーがあるだろうか。フランスの元大統領ドゴールは、在任中「食糧を自国内で供給できない国は、独立国とは言えない」と語って、国民を奮い立たせた。そして、フランスを世界に誇る農業生産国にした。この国は、世界中がどんなに激動しても基本的には磐石だろう。

日本の農業観のあやうさ

岡山県立図書館は、七五万冊の蔵書を誇る西日本最大の図書館という。岡山に住んで、この膨大な本をただで読めると思うと、うれしくなる。私は片っ端から、農業関係の充実している書籍を読んでいる。読んでいくうちに、ふと気づいたことがある。

研究書、実用書すべてが進化論――唯物思想を土台として書かれているということだ。創造論に立つクリスチャンの農業書が、ひとつもないことは非常に残念なことだ。そこで私は、聖書を土台とした、神の創造論に立つ農業論を展開して書いて行こうと、身のほど知らずの野望を抱いている。

まず、進化論による農業の起源を紹介することにする。今からおよそ一万年前、人類は農耕を始めた。これは人類最初の文化大革命であると書物には書いてある。それまでは、経験によって食べられる木の実、草の種や葉っぱや根を探して採取、野生動物をつかまえる狩猟、海や川の魚介類の漁労、自然にあるものを採取して食餌とする。つまり野生動物と同じであった、という学説である。

ただ雑食性の人間は、他の生物の単食（肉食か草食）に比べて、乏しい食材でも生きのびるのに有利であった。

彼らの人間観を見ると、原始人は無知蒙昧で文明を持たず、動物に近い野生の状態だった。きびしい自然の中で食糧となるものは乏しく、常に腹を空かせ、栄養失調の状態で、寒さ、病気、ケガに悩まされた。また、猛獣の襲撃や他の部落からの略奪におびえていた。

それゆえ非常に短命で、人間が単独で生きて行ける状況ではなかった。家族形態も、夫婦親子関係のハッキリしない雑婚で、群れをつくって生きていた。何ともみじめな人間観ではないか。しかし、聖書による人類と農業の起源は、神の豊かな祝福に満ちたものだった。アダムの自然観察は体系的で鋭く、神の英知が反映していて農業に活用されていた。

私の長年の経験から言えることだが、自然科学への広大な知識を必要とする総合職である。
（創世記二・一九―二〇）

有機農業の実践

一九九九年私が六十五歳の春、岡山市東区西大寺新地に予てから念願の土地を購入した。それは、たった一六〇坪だったが、新たな伝道の拠点にしたいと、希望に燃えていた。まず土地の有効活用を第一に考えて、西の端に三五坪の家を建て、駐車スペースと道路から玄関までの道を取った。

それは、できる限り畑にしたかったからだ。少年の頃、祖父から学んだ有機農業を始めるためだった。その後、家のすぐ裏に当たる吉井川の河川敷の畑一〇〇坪を借り、合わせて二〇〇坪でのスタートだった。

庭の方は、盛り土一〇センチほどの下まで掘ってみると、そこにはコンクリートの欠片や、プラスチック等、不燃ごみが隠されていて、ドブのような悪臭が鼻をつき、腐敗菌ばかりの強い酸性土だった。

そこで一年かけて全てこれを取り除き、代わりに山からの落葉、有機石灰（かき殻）、草木の灰を入れ続けた。すると五年目くらいから有機栽培らしい良い作柄になって来た。

その頃、妻が勤め始めていた高齢者福祉施設デイサービス『あい愛』（西大寺教会経営）への食材提供も、軌道に乗り始めた。道を通る人々が見事な野菜の生育を見て「売って欲しい」と声を掛けられた。が、差し上げることはしても一切販売しないと決めて、教会や必要としている人、親戚などに送り続けている。

農家伝道をめざして「エデンの園」第一号を発行

この頃から社会は、有機農産物への関心が高まり、マスコミも取り上げるようになった。「そうだ、有機栽培をした野菜はいかに素晴らしいか、有機農業の優位性、将来性を広める文章を書いて発信しよう。」と思い立った。そして二〇〇七年八月に「エデンの園」創刊号を一〇〇部発行した。

この小誌は、私が少年時代祖父に仕込まれた、江戸末期から明治の有機農業を六十代になってから土地を買い、実践し、アメリカから伝えられ日本に主流となった近代農業の弊害への警鐘と、農家伝道を目的とした個人誌である。

その目的

① 農業・食物に対する創造の神のみ心を聖書から学び、その真理を広げる。
② アメリカ食にあこがれて日本の伝統食を捨て、肉食中心のグルメブームをあおるマスコミによって日本は、はなはだしい食の乱れが起こっている。その結果、生活習慣病である癌、糖尿病、肥満、心臓病、脳卒中が多発している現状を指摘。
③ 農薬・化学肥料による近代農業の有害性を研究して、発信する。
④ 無秩序な自然破壊、環境汚染、地球温暖化の問題意識を高める。
⑤ 化学食品添加物まみれの、加工食品依存の食生活による病気の警告。
⑥ キリスト教信仰による質素な生活によって、健康的な家族づくりを提唱。
⑦ 食卓改善のため、無添加穀物パンを開発して、教会で手作りパン講習会を開いて身近な人への伝道をする。

これを教会や、身近な人々、知り合いの牧師、少数の農家にも郵送した。やがて、二号から二〇〇部と次第に部数も増えて、現在は五〇〇部を送っている。

ところで戦後、日本宣教史の特徴は、農村に目が向けられて諸外国の宣教師は農村伝道に力を注いでいた。その結果、戦後二〇年ほどの間にキリスト教会は農村で盛んになり、有力なクリスチャン、牧師が多数出て活躍する一時代を築いた。

やがて戦後復興が進み、日本を工業立国にして行く政府の掛け声と共に、大量の労働者が必要となり、農家の子弟を「金の卵」と褒めそやし、全国の農村の端々から大都市や、工業地帯に「集団就職列車」を仕立てて送り込んだ。村は、高齢者だけになって行った。私もその一人で、岡山の山奥から大阪へ送り出された。

こうして農村伝道は、衰退の一途をたどった。かつて栄えた村の教会は、高齢者だけになり、遠くの教会と兼牧か、また無牧になり、会堂は朽ち果てている。政治、経済（工業界）、教界からも農村は見捨てられ、顧みる者はいない。

この現状に対して、農村伝道の専門誌として「エデンの園」誌の発行を始めた。この頃「日本キリスト伝道会」から私に巡回伝道者としての任命があった。そこで日本全国を巡回し、農村の教会、農家の人々に対して神の救いと恵みを伝え、また有機農業こそ農村の生きる道であり、希望であると語って来た。

また「エデンの園」誌の活動が前進の弾みとなったのは、あるキリスト教雑誌や、新聞の取材を受けて有機農業記事が掲載されたことだ。その効果は予想以上に大きな反響を呼んだ。全国から次々と電話があり、又たくさんの手紙を頂いた。そして一挙に全国展開の働きとなって行った。

日本人の食の暴走―生活習慣病の爆発的増加への警告

「エデンの園」誌は、有機農業による農家伝道を主要のテーマとしてきたが、読者の大部分が都市生活者であることに気付いた。「食と健康」「生活習慣」等、日常生活を、聖書の視点から具体的に健全な日常生活への指針を示したいと思った。

というのは、教会のメッセージが聖書の読解に偏って、聖書時代の日常生活と現代の大きな変化があまり考慮されず、実生活の中に潜む問題が置き去りにされている。クリスチャンと未信者は、なんら変わらないことに対して「御霊の実は、…自制」(ガラテヤ五・二二)を生活の第一とすべきではないか。

そうでなければ実生活は、サタンの意のままに陥ってしまう。この事への警告を無視して不摂生と暴飲暴食を続けていれば、病気や怪我、事故を起こし、クリスチャン生活は損なってしまいかねない。

「あなたが、たましいに幸いを得ているようにすべての点でも幸いを得、また健康であるように祈ります。」(三ヨハネ二節)と、ヨハネが祈った祈りに心を留めたい。

農業のおもしろさ

現代の科学技術や精密機械、コンピューターを駆使して働くサラリーマンは、ストレスをいっぱいためている。仕事は細分化され、決められたマニュアル・手順を間違えないよう細心の注意で、常に緊張感にさいなまれている。

その点、農業はおおらかだ。土に触れることは、心地よい。赤ちゃんが歩き始めて、外に出ると最初にすることは、土や砂をいじること、これは幼子の共通の遊びだ。土への関心興味は、生れた時からDNAの中に備わっている。

今、農業を楽しむ人が増えているが、年を取るほど土への郷愁がわいてくる。土を触ったり見ることさえできない大都会に住む人さえ、やってみたい、できれば挑戦したいと思っている日本人は、三代さかのぼれば皆んな、農家出身者だった。そのため、農耕民族の血が騒ぐのかも知れない。

農業の素晴らしさは、どこから来るのだろう。それは、皆んなが足で踏んで歩いている、たいして価値もないと思える土から、実に様々な野菜、穀物、果物、花、観賞植物が作れるということではないか。この単純さの中に、無限の可能性があるということだ。農業ほど、研究開発、個人的には創意工夫のできる余地を持っている分野は、他にない。

しかも身近で、特別な知識や技術、資格はなくても、その気になった日から始められるということだ。聖書は、創造の神が人類の最初の人アダムに「土を耕して食物を作りなさい」と使命を与えている。これこそ、人間としてまず第一に果たすべき、聖なる務めなのだ。神の手によって土で造られ、神の息（霊）を吹き込まれて人は生る者となった。「土と神の霊」なしには本来人間は真に生きることは出来ない。（創世記二・一七）

農業の先頭に立つ神

「見よ。わたしは、全地の上にあって、種を持つすべての草（穀物、野菜）と、種を持って実を結ぶすべての木（果樹）をあなたがたに与える。それがあなたがたの食物となる。」

（創世記一・二九）

旧約聖書のはじめ、創世記を読むと、万物創造の神が、人類に与えた地球、そこに満ちている森林、草原、川、海そして陸地のすべてをおおっている土、これらすべては神のみ心によって造られたことが分かる。農に関わる聖句だけを挙げる。

① 天体と地球の創造「初めに、神が天と地を創造した。」（創世記一・一）

② 太陽と、地球の昼夜の創造「『光があれ。』すると光があった」（創世記一・三）

「光を昼と名づけ、やみを夜と名づけられた。」（同一・五）

③ 海と陸地の創造「天の下の水が一所に集まれ。かわいた所が現れよ。」（創世記一・九）「神は、かわいた所を地と名づけ、水の集まった所を海と名づけられた。」（同一・一〇）

④ 草と果樹の創造「地が植物、すなわち種を生じる草やその中に種がある実を結ぶ果樹を、…芽ばえさせよ。」（創世記一・一一）「地は植物、すなわち種を生じる草を、種類にしたがって、またその中に種がある実を結ぶ木を生じた。」（同一・一二）

⑤ 農耕と自然保護の命令「神である主は人を取り、エデンに置き、そこを耕させ、またそこを守らせた。」（創世記二・一五）

あらゆる植物の、存在と成長を支える土壌は、他の天体にはなく、地球のみに与えられた貴重な資源である。土壌のたった一グラムの中には一億から一〇億の微生物（土中昆虫、菌類、藻類）が棲んでいる。地球上の微生物の種類は、六千万種とも言われているが、まだそのすべては解明されていない。

この微生物は、植物に栄養を与える料理人である。彼らは、植物の種が芽を出したり、畑に植えられると、根の近くに集まってきて増殖し、土の中の有機物を、植物の根が吸収しやすい無機質（窒素、燐酸、カリューム、カルシューム）に分解して、与える重要な働きをしている。このように、一糸乱れぬ生態系が調和して、豊かな実を結ぶことができるのは、決して進化論者が主張する、偶然と突然変異が重なって、意味もなく存在しているのではない。

全能の神が、人類繁栄のため、農耕に必要な土壌を中心に、雨も太陽エネルギーもすべてはじめから備えて、人間が農業を営み自然を保護して行くよう使命を与えて、共に、いや先頭に立って働いてくださるのである。このように農業は、神と人との聖なる共同作業なのだ。

しかし近代農業は、神から離れ、創造者が与えた自然界の何ひとつ欠けるところのない、豊かな営みを軽視した。反面、人間の科学知識を過信して誇り、神がくださる以上に多くの収穫を得た。そのうえ手間や労力を省いて楽をするために、農薬と化学肥料を多投入して生態系を狂わせ、微生物や有益な昆虫まで滅ぼして、土は死んだものとなっているのだ。

神と共に働く喜び

英語で植物を育てる才能のことを「グリーン・フィンガー（緑の指）」と言うが、創造の神こそ偉大なグリーン・フィンガーの持主である。実際、私がクリスチャンになってからの農業は楽しさ――充実感、意欲、使命感、感謝、感恩の気持ちがあふれてきた。

未信者の頃は、農業は苦役でしかなく、不平不満ばかりで、心から楽しんだり感謝の気持ちは、まるでなかった。神の恵みの大きさが分かってくると、猛暑の夏の作業、春の土起こしの重労働も、少しも辛くなく、実に楽しい。

そして収穫物は、神からの贈り物として感謝して受け取り、私の場合立派に出来たものから、まっ先に人に差し上げる。妻が働いている「老人ホーム」の食材として毎日出勤の際、収穫して持って行かせる。

また伝道に、寝食を忘れて打ち込んでおられる牧師家庭に届ける。自分たちが食べるのは、人に差し上げられないようなクズや、虫が喰ったものばかりである。その報いは、受け取った人びとの笑顔だ。もちろん農業を正業としている人は、生産物を販売して収益を得なければ成り立たない。

天を仰いで地を耕す

何にもまして、国の利益は農地を耕させる王である。（伝道者の書五・九）

有機栽培食料の重要性

私が「エデンの園」誌を発行して、一〇年目になった。これは有機農業という、世界に誇れる農業技術を若い人が受け継いで、日本民族の健康と繁栄に貢献してほしいと願っているものだ。今回、小誌の読者の農家、関心のある人や教会の招きで東北から北海道まで、十日間、六教会、一四回のメッセージと、クリスチャン農家を訪問してきた。

ぎっしり詰ったスケジュールで、休みのない奉仕に妻は、私の体を気使い「途中で、倒れるのではないか」と心配したという。だが、さほど疲れも無く、元気に帰ってきた。当時、七十四歳の私の元気の源は、農薬や化学肥料を使用しない有機野菜を毎日食べているからだと信じている。サプリメントや薬は、五〇年以上飲んだことがない。

聖書は人類が健康で、幸せに生きるために食料問題を第一に取り上げ、創世記の初めから黙示録に至るまで、繰り返し神ご自身が創造した、「種を持つすべての草と、種を持って実を結ぶすべての木をあなた方に与える。それがあなた方の食物となる。」（創世記一・二九）と仰せられた。

また「その葉は薬となる」（エゼキエル四七・一二）と、神が食物として与えたものは、必要な全ての栄養素、ビタミン、ミネラルなど欠けたものはひとつもなく、病をいやす薬の成分も含まれ「医食同源」だと述べている。

また、それぞれの国や地方、そこに住む、民族のためには、その地ならではの食物となる植物が用意されていて、「地産地消」の大前提を示している。土のちりで造られた人間は、その地で生産された食物が一番からだに合っていて、健康に良く、病気にならない。だから自国の農作物を軽視して、世界中の高級食材・珍味を求めて六〇パーセント以上も輸入に頼っている日本の食料政策は、根本的に間違っている。

私は自ら作った有機野菜を、四季を通して毎日食べている。そのためか、全く病気知らずの生活をしているので、この聖書の言葉は体験的に納得でき、自分の食生活を通して証明していると断言できる。

しかし今日、先進国も途上国も世界中の人々の多くが病におかされている。こんなに医学、科学が発達したにも関わらず、むしろ不治の病は増加している。その根本的な原因は、どこにあるのだろか。

人類を蝕む神なき農業の禍根

神様は、アダムに園にある無数の「…どの木からでも思いのまま食べてよい。しかし善悪の知識の木からは取って食べてはならない。それを食べるとき、あなたは必ず死ぬ。」(創世記二・一六―一七)と警告された。しかしそれを見ると「まことに食べるに良く、目に慕わしく、賢くするというその木はいかにも好ましかった。」(創世記三・六)と思われたので、アダムとエバは取って食べてしまった。

すると、たちどころに目が開かれ、自分たちが神の前に裸であることを知った。つまり、罪を隠さなければならない者となったことを感じ、木の陰に身を隠した。その罰が下り、食料を生み出す畑は雑草がはびこり、虫に食い荒らされ、病気に侵され、作物は労しても実を結ばなくなってしまった。

「取って食べてはならない……死ぬ」これは現代で言えば、農薬化学肥料、遺伝子組換え、水溶化学肥料のみの水栽培のことだ。見た目の良さ、いかにも良いものに見える外観、しかしその内容はビタミン、ミネラルの激減、農薬化学肥料を植物が吸収したものの、有機化できない硝酸態窒素の汚染だ。これが、血液中の酸素を奪っている。

だからこんなに医学が発達しているのに、このような人体をむしばむ悪しき化学物質が、食生活を通して体内に蓄積して、一〇年、二〇年後には、癌、心臓病、血管障害、糖尿病、アレルギーなどの症状となって、悩ませ、解決の糸口も見いだせないでいる。

なぜ農業が、このように堕落してしまったのだろうか。それは、農業が金儲けの手段になってしまったからだ。

使徒パウロが、コリントに宛てた手紙の中に「私が植えて、アポロが水を注ぎました。しかし、成長させたのは神です。」（Iコリント三・六）と言っているように、神が一本の植物にも創造のみ手をもって働きかけ、育ててくださるということが農業の基本だ。

この他の産業にない、その特殊性を無視して、農業を単なる金儲けとするとき、最も小さい投資、最も少ない労力、最も短い期間に、最大の利益を得ようとする効率の良さ、利益率の高さが第一となる。

そのために手段を選ばず、悪いことと知りつつも、化学肥料、農薬を、あるいは遺伝子という神の創造の設計図まで、書き換えて、不正の富を得ようとする罪に陥ってしまうのだ。

神の領域にまで踏み込んで、一切を人工的にあらゆる法則をねじ曲げ、時間を短縮する。科学の名のもとに無神論的農業は、ひと時はよく見えても、土を殺し、再生不能の土となり、農業は亡びてしまう。そして長い目で見れば、人類をも滅ぼしてしまうのだ。だから、聖書のはじめの「エデンの園」の農業に立ち返らなければ、希望はあり得ない。

農業と創造神への信仰は、無関係ではない。表裏一体なのだ。本当に豊かで、人を健康にし、病をも癒す食物を提供する良心的な農業は、信仰から来る使命感に裏付けされた、農業にいのちをかけた人たちによる。神と共に働く聖なる産業だ。欠陥のある人間の科学知識による工業的農業は、神の創造に反するものだと、私は断言する。

かつて開拓時代のアメリカは、キリスト教信仰に燃えて、理想の神の国を地上にうち立てようと、ヨーロッパから最も成熟し、完成した農業を持ち込んだ。それは、人類の歴史のはじめから続けられてきた家族農業、もちろん有機栽培だった。

今、アメリカには、この家族農業は滅んでしまっている。広大な土地を持ち、大型機械で耕し、飛行機で遺伝子組換えの種を蒔いている。そして化学肥料、強力な除草剤、さらに農薬を空から散らして、後は収穫まで放っておくのだ。スケールは大きいが工業的農業のみが生き残っているのだ。

農業が、神のみ心から完全に離れた結果、堕落してしまった。後で述べる遺伝子組換え農業は、いのちを失ったアメリカの大地を百年もしないうちに、月の表面のような何も育たぬ荒地と化するであろう。

神のみ心に従う農業

冒頭の「伝道者の書」の、他の訳を見る。

「何にもまして国にとって益となるのは、王が耕地を大切にすること。」（共同訳）

「しかし何よりも良い農業政策をする王こそ、国を益する者である。」（現代訳）

「国の利益は全く是にあり、即ち王者が農事に勉むるにある也。」（文語訳）

いずれの訳にも「王」という言葉が主語となっているが、この王とは、政府のトップの人で日本で言えば総理大臣だろう。

総合すると、自国の農業を第一にすることこそ、国を繁栄させ、国家、国民すべての益となる。政治のトップの務めはこれである、と神様は聖書を通して言っておられる。

今、日本の農業は破壊寸前だ。日本中の田畑は荒れ果て、耕作は放棄され、後を継ぐ者はなく、今農業に関わっている人は七十歳代が五〇パーセント、六十五歳以上になると、八五パーセントになる。あと一〇年もすれば、これらの人は完全に田畑に出ることはできないばかりか、地上にさえ居なくなるだろう。

都市近郊の農地は、パチンコ店、大型総合商業施設、ファミリーレストラン、数千台の駐車場に売り渡されている。スーパーで売られている食品の大部分は外国産だ。日本の国は、これ程、農業を見捨てて平気なのだろうか。農業が滅びた国は、間もなく滅びる。これは古代から世界が証ししている。

土を耕して種をまくとき、成長させてくださる神への信頼、希望、感謝、忍耐をもって、待ち望むことだ。その時、土とそこに住む無数の微生物の活動、太陽の光と雨、これらすべての法則が働いて、豊かな栄養と病をも癒す力を秘めた、価値ある産物となるのだ。創造の神を信じ仰いで、常にみ心を聞く農業となるとき、平和な世界を築く土台となるのだ。

農業が衰えると文明が没落する

私が植えて、アポロが水を注ぎました。しかし、成長させたのは神です。

（Ⅰコリント三・六）

人類最初のメソポタミア文明没落の原因

紀元前四〇〇〇年頃、メソポタミア文明が栄えた中心地は、現在のイラクである。ここは天地創造の神が、人類の始祖アダムを祝福し「エデンの園」を住まいとして与えた地であった。

アダムが、罪を犯して神に離反する以前のエデンの園は、樹々が茂り草花は咲き乱れ、食料となる果物、穀物、野菜は一年中豊かに稔り、まさに地上の楽園であった。その情景は、旧約聖書の「創世記二章」に記されている。

この地は、北方アララテ連山（最高峰は五一八〇メートル）を源流とするチグリス・ユーフラテス河の豊かな水によって、大地は潤されていたため、香柏、糸杉、樫など深い森林でおおわれていた。神の命令に従って、ノアが箱船を建造した時（創世記六章）、周囲に良質な木材はいくらでもあった。

文明の発展とともに人口が増え、食料増産のために木を切り、耕地を開いて行った。農業用水に、かんがい用水路をめぐらし、チグリス・ユーフラテス河から水を引いて作物に注いだ。しかし雨の少ない乾燥地帯のため、水分蒸発が激しく、土中水分は不足がちとなり、地中深くにある地下水が上昇した。

その際、地層深くにある塩分、アルカリ分、重金属も一緒に引上げられ、長い間に堆積して、大地は樹木も農作物も生長できない塩の砂漠となってしまった。

森林消滅と運命を共にしたギリシャ文明

地中海沿岸では、温暖な気候、恵まれた地形によって、緑したたる常緑樹におおわれた大地がどこまでも続いていた。森が育んだ肥えた土壌は、農地に適していたために農業が盛んとなり、歴史上最も栄えたギリシャ文明が花開いた。文明が栄えれば、人が集まり人口は増加する。するとより多く食料を生産しなければならない。

そのため、見境もなく森林を焼き払って、残った灰を肥料にして食料を増産した。又、宅地や劇場、スポーツ施設、政府機関など公共用地はどんどん拡大していった。食事用燃料は、すべて薪だった。家具や船の建造のためにも、大量の木材を確保する必要があり、止めどなく木を伐採した。

こうして文明が森を喰い尽し、豊かだった土壌は養分を失い、草も生えない赤茶けた裸の岩地ばかりとなり、ギリシャ文明は衰退したのである。

農業を卑んだローマ帝国の滅亡

南ヨーロッパ、北アフリカ、中東を支配下におさめた強大なローマ帝国の滅亡の原因は、メソポタミア、ギリシャ文明とは異なっている。専制君主のローマ皇帝は、周辺諸国に強力な軍隊を送って、次々と征服して行った。領土拡張戦争に勝利し、手柄を立てた軍人、司令官には貴族の位を与え、報償に、庶民から取り上げた農地を贈った。

こうしてローマの農地は、特権階級の所有になったが、彼らが農作業をしたわけではない。特権階級となったローマ市民は、肉体労働を卑しめ、自分の農地は敗戦国の兵士や外国人を奴隷として、強制的に農業をやらせた。鎖と鞭によって働かされる農奴には、土に対する愛着はない。もともと農業の知識も経験もない彼らは、適正な維持管理を知らず、知恵を働かせることもないため、畑はみるみるうちに生産力を失っていった。不足する食料は支配した国から取り上げて、ローマに運んでいったのである。

日本は今、外国から運ばれて来る高級食材で、贅沢の限りのグルメブームが続いている。輸入食材に押されて、国内産は採算が合わず、若者は農業に見切りをつけて村を出てしまった。今や日本中の農地は荒れ、国内農業は危機的状況となっている。

かつてのローマ帝国と同様に、経済力を誇って、世界中から欲しいままに食料の輸入を続け、自給率は先進国では最低となってしまっている日本だ。滅亡したローマ帝国と、そっくりの状況である。このままでは日本も、繁栄し続けることはできないであろう。

貧困と飢饉から抜け出せないアフリカ大陸

南半球に位置するアフリカ大陸は、かつて巨大な熱帯樹林におおわれ、獣、鳥類、昆虫など、あらゆる生物を養う自然の宝庫であった。しかしアフリカ諸国が近代化し、生産技術が進歩する以前に、爆発的な人口増加が起こり、人々が生きて行くために焼畑農業、過放牧など森林を収奪し、環境を破壊して生活する以外にない状況が続いている。

しかも荒れた土地に、植林するなど手当てをしないで放置されているため、急速に砂漠化が進み、豊かだった森の生命群を脅かし続けている。何よりも、慢性的な食料不足解消のためには、自国の人口を輸入に頼らず自ら養える農業を育てなければ、アフリカの慢性的飢饉から脱出できない。

将来性のないアメリカ型農業

一五〇二年、コロンブスによって発見されたアメリカ大陸に、ヨーロッパの人々が新天新地を求めて渡って行った。彼らは、はじめヨーロッパの農業――少量多品種栽培による家族単位の自給農業を持ち込んだ。しかしヨーロッパでは、思いもよらなかった広大な農地を手に入れた彼らは、「大規模専業農業」へと変化して行った。

日本の、一つの町村ほどの広さもある農地に、一品種の穀物や野菜を大量に生産している。アメリカ国内はもとより、世界中に輸出商品として生産し、莫大な利益をあげる企業農業となった。アメリカでは消滅してしまった「家族農業」は、今も世界中の主要な農業形態だ。

ひとりの農場主が、一〇〇〇ヘクタール以上の農地を所有している。大型トラクターで土を起こし、飛行機で種や、除草剤、殺虫農薬をまき、化学肥料のみによって生産する大規模粗放農業は、地力を保ち、将来もその地で生産を続けるという意識はないのだ。収穫量が落ちて採算が合わなくなれば見捨てて、新しい土地へ移って行く。

何十トンもの大型農業機械は、土を踏み固め、土中昆虫や微生物を窒息死させてしまっている。このような手荒な効率一辺倒の農業は、長続きできず、次世代に不耗な荒地ばかりを残すことになる。現在は世界中に、穀物、果物、野菜等を輸出しているアメリカだが、このような収奪農業には、将来性はない。

日本型農業の強さ

日本列島は北海道から沖縄まで、南北に細長く、海に囲まれ、亜熱帯から亜寒帯まで地形は変化に富み、四季の彩りは豊かだ。年間降雨量は、世界最多の二〇〇〇ミリ、しかも四季おりおりにバランスよく降るという、自然の恵にあふれた素晴らしい国だ。

しかしアメリカ、中国、ロシア、オーストラリアなどの大国に比べると、日本の国土は狭く、その上高い山と急斜面が多いために森林が約七割を占め、耕地は限られている。そこで日本農業は狭い畑から、多種多様な作物を最大限の収穫を上げる、集約農業が伝統的に営まれてきた。日本人の勤勉さ、繊細な心くばりで、田畑を大切にする国民性のため、土壌は良質で単位収穫量は世界一となっている。

私が少年時代、祖父が教えてくれた伝統農業を、私自身が祖父の年代になって実行している。化学肥料も農薬もなかった時代の、有機農業そのものである。世界各地で滅びゆく農業の中で、日本の農業こそ持続可能なすぐれた農法であることを、示しているのだ。

手工業で始まった、工業製産は技術革新によって、いくらでもスピードアップすることができ、かつての百倍、千倍の良質な製品を大量に作ることができる。しかし農業は、工業のまねはできない。してはならない部分が多くあり、不変の自然の法則である作物の成長に合わせて、待つ謙虚さを失ってはならない。

農業は、経済効率だけで進めることはできない。創造の神が植物に備えた稔りの力、土が本来持っているエネルギー、その両方のパワーを最大限に発揮できる手助けが有機農法であると信じている。それは日本の江戸時代に、すでに完成していたのである。

しかし、戦後の経済発展を誇った政府と財界は、豊かな農業資源と農民の努力によって、歴史を通じて自給してきた伝統を軽んじて、外国依存の食料政策へと堕落してしまった。

二一世紀は、食料危機の世紀だ。地球温暖化、農地の疲弊、森林減少による環境悪化、人口爆発など悪条件ばかりが進み、世界的な食料不足は目前に迫って来ている。日本人は、もはや外国の食料をむさぼり喰う愚行から、つつしみ深い自給による「日本食」へ回帰しなければならない。持続可能な有機農業こそ、日本の農業を盛んにし、健康で平和な日本社会を築く道となるだろう。

二章　命の法則――自然の秩序にそった有機農法

有機野菜栽培の実り

植物が果す全生命を支える偉大な働き

川のほとり、その両岸には、あらゆる果樹が成長し、その葉も枯れず実も絶えることがなく、毎月、新しい実をつける。その水が聖所から流れ出ているからである。その実は食物となり、その葉は薬となる。（エゼキエル四七・一二）

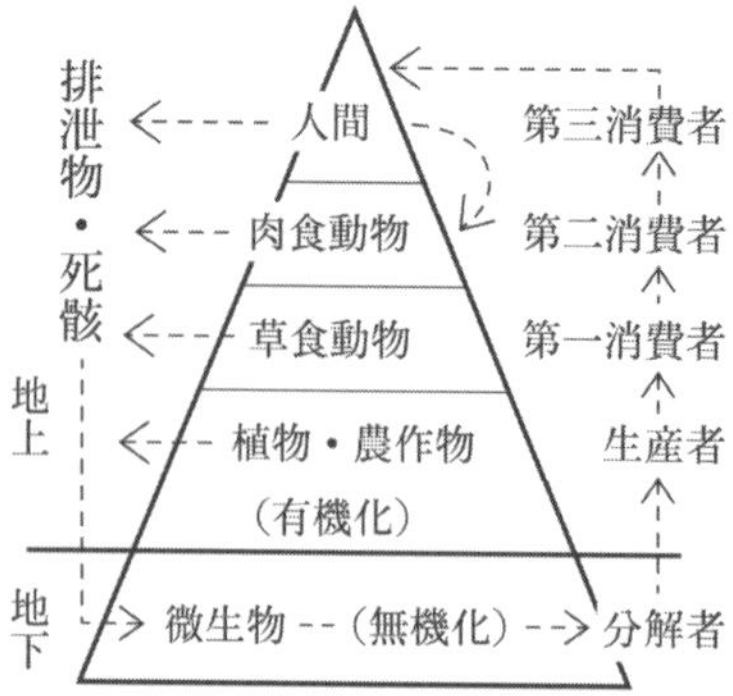

栄養エネルギーの循環

植物とは何だろう

植物とは種や宿根、球根から芽を出し、土の中に根を張り、太陽と水と空気を受けて盛んに緑色の葉を繁らせる。そして、その場で一生を過ごす生物であり、繁殖のために花を咲かせ、何百倍もの種を実らせる。植物は、その体や実を他の生物に食べられたり、切られても声も出さず抵抗することなく、なすがままにその運命を受け入れる。

兎や牛馬などは植物を食べて育ち、子孫にいのちをつないでいる。この草食動物は「第一消費者」に分類される。その草食動物を食べてエネルギーを得ているのが、ライオンや狼などの肉食動物「第二消費者」だ。畑や原野に住む昆虫も、草食と肉食がいてバランスを保っている。

このように地球上のあらゆる動物は、人間も含めて植物が作り出す栄養エネルギーを摂取して、繁殖してきた。動物は、植物がなければ生きて行くことはできない。植物は、動物がいなくても生きて行ける独立した生命だ。植物の存在、繁殖は、食べられる「生産者」として最終的には、人間に利用されるためだけに生きている。

地球上すべての物質は「有機質」と、「無機質」のどちらかだ。いのちのない鉱物や分子化合物が無機質で、植物が作り出すものが有機質で、動物が生きて行くためには、無機質は水（H_2O）以外に栄養として取り込むことができない。

反対に、植物は有機質をそのまま栄養（肥料）として吸収することは、できないのだ。そこで、その仲立ちをするのが土の中に棲んでいる「微生物」だ。その種類は、まだ解明されていない。熱帯や極地に生息するものを含め、地球上には推定六〇〇〇万種は存在している、と微生物学者は言っている。

こうして微生物は、日夜第一～第三消費者が排出した有機物を分解（無機化）して、植物の根に栄養として与えているのだ。もしこの分解するものがいなかったら、地上は動物の排泄物、遺体、植物残渣に埋まって不潔きわまりなく、とても人間は住むこともできない。

神は創造のはじめ、地上をまずあらゆる種類の植物を生えさせた。それが十分成長した後に動物、そして最後に人間を創造した。

「種を持つすべての草と、種を持って実を結ぶすべての木をあなたがたに与える。それがあなたがた（人間）の食物となる。また、地のすべての獣、空のすべての鳥、地をはうすべてのもので、いのちの息のあるもののために、食物として、すべての緑の草を与える。」（創世記一・二九―三〇）と記して創造の完成、永続を宣言しておられる。

化学工場として「光合成」を行う緑の葉

神は創造のはじめに天と地を造り、動植物に先立って地を照らす光――太陽を創造された。（創世記一・三、一四）。その瞬間から今日まで、太陽は地球をはじめ、太陽系惑星に光エネルギーを放射し続けている。

そのエネルギーは、一秒あたり約四二兆キロカロリー。これは、一秒間に地球上すべての人間が使っている、石油や電気エネルギーの二万倍以上だ。もし、この太陽エネルギーを一〇〇パーセント無駄なく利用できれば、全世界が一年間で消費しているエネルギー量をわずか四五分でまかなうことができる計算になるそうだ。

しかし、そのほとんどは熱の形となって宇宙に戻って行く。しかし〇・〇二パーセントは、地上に繁茂する植物の葉がとらえ、葉緑素によって驚くべき生産の業「光合成」を行っているのだ。

植物の一番大切な働きは、葉の中にある葉緑体が太陽エネルギーを受けると、空気中に不安定に存在する二酸化炭素（CO_2）と、水によって炭水化物（ブドウ糖、澱粉）を造り出す。太陽エネルギー、二酸化炭素というとらえどころのない不安定な物質を化学合成し、価値のある物質として貯蓄できるのは植物だけだ。動物は、残念ながら光合成という太陽光を栄養エネルギーに変える、高度な創造的働きは到底できない。

創造の神の、このような地球上の生命存続のための偉大なシステムの贈り物には、感謝の言葉もない。こうして、地上のあらゆる植物は葉緑素を使い、CO_2という廃棄物を野菜や穀物、果物に造りかえて提供してくれるのだ。又、樹木は家の柱や家具、燃料、紙製品となって人類は利用している。

「酸素発生」光合成の重要な働き

植物が、二酸化炭素を吸収して光合成を行った結果、酸素を作り出して環境に放出している。このことは、空気の浄化という素晴らしく重要な、もうひとつの働きをしているのだ。

私が、大阪や東京に出掛けて数日間を過ごして我が家に帰ると、岡山の田舎がいかに空気が澄んでいるかを実感して、ほっとする。そして大都会には住みたくない、と改めて思うのだ。地球温暖化の原因は、自然の浄化能力を超えて、大量のCO_2を排出する過剰な産業活動であることは、自明の理として誰もが認めている。

植物がCO_2を吸収し、酸素を生産していることは、子供でも知っている。しかし個人が、廃ガスを減らす努力をしても、すぐ自分が利益を得るわけではないので、分かっていても無視している。個人から国家、世界に至るまで、目先の生活の快適さ便利さを、どこまでも追求し続けているのだ。

こうして世界中で工業界の競争はエスカレートし、資源の浪費のみならず、地球環境を急速に悪化させている。工業界が環境を破壊し続ける現状を、農業界がわずかながら修復しているのが現実だ。

人工衛星から地球の大陸を写した写真を見ると、五大大陸の多くの部分が草木のない砂漠になっている。神が天地を創られた時、世界はすべて深い森林におおわれていた。こうして植物に秘められている偉大な力、天のエネルギーをもって生産する農産物と、その際に行われている環境浄化——農業を第一とする人類の生き方が、いかに重要であるかが問われているのではないか。

聖書が、農業を第一とするようアダム（人間）に命じられた理由は、ここにあるのだ。

有機農法が人類を救う

ああ、神の知恵と知識との富は、何と底知れず深いことでしょう。そのさばきは、何と知り尽くしがたく、その道は、何と測り知りがたいことでしょう。

（ローマ一一・三三）

滅亡に向かっている人類

二一世紀を迎えた一六年前、新世紀の百年中に科学技術は、宇宙工学をはじめ工業・農業その他あらゆる方面で発展し、人類の文化は飛躍的に向上するという夢を描いた。しかし、それから一六年たった。

今、立ち止まって世界の状況を見渡すと、人類の文明は停滞・衰退・没落、そして滅亡に向かっていることがはっきりしてきた。未曾有の世界規模の恐慌が、このことをさらに鮮明にして、危機感を募らせている。実勢を超えたマネー経済は、一瞬のうちに消えてしまう泡でしかないことと、世界中が実感している。欲望のままにむさぼった消費が残した「負の遺産」は数限りない。具体的な現象をあげてみよう。

① 二酸化炭素大量排出による温暖化――気象不安定化・大変動による災害。
② 回復不可能な自然・環境破壊――森林伐採による砂漠化。
③ 近代農法による土壌の劣化――農業生産の減少・食糧不足。
④ 先進国の工業的農業による、主要農産物の寡占化――発展途上国の離農。
⑤ 発展途上国の人口爆発――都市流入・無職者のスラム化。
⑥ 飢饉人口の増加――食糧をめぐる紛争・食糧難民。

⑦　先進国の経済停滞による大量失業者――生活・教育の格差拡大。
⑧　多国籍大資本による産業支配・寡占化――産業構造の破壊・零細企業の消滅。
⑨　地球資源の乱用による枯渇――高騰・争奪戦。
⑩　テロリズム・軍備競争エスカレート――民族・宗教・国際間紛争多発。
⑪　人心の失望感・荒廃――犯罪の激増・治安悪化。
⑫　先進国の人口減少高齢化――先進国の衰弱・指導力低下。

この上もなく明白な、無神論唯物主義、人間の知識がすべてであるとする傲慢《ごうまん》な化学主義「人類は限りなく進歩する」という価値観が破壊、滅亡への道をひた走りに進んでいることは、もはや自明の理である。これらのあらゆる問題は、豊かな日本には関係のない遠い外国の出来事と、無関心でいることはできない。グローバルの時代、地球の反対側の出来事は、すぐに影響が及んでくるのである。

産業活動の基本である農業の暴走

世界は今、すべての面で変革が求められている。人類には、根本的なやり直しが急務である。ただちに大きな変化が起こらなければ、回復不可能な環境破壊が決定的となる。その道は、人類誕生の初めに、農耕を第一の活動として歴史の原点「聖書のはじめ―創世記」に帰ることである。

進化論の説では「人類は猿から進化した原人」が、はじめ採取生活をしていたが、今から一万年前、作物を栽培することを覚え、農業が発達してきたと言う。この思想が化学肥料、毒性農薬・遺伝子組換えなど工業型の、いのちのない農業へとゆがめてしまったのである。

第二次大戦は、世界中の国土、農地を廃墟と化した。日々必要な食料は、農業を立て直し、翌年の収穫まで待つことはできない。アメリカは参戦したものの、唯一戦場とならなかったために、農産物は有り余っていた。その過剰農産物を、ヨーロッパ、東・西アジア、アフリカに援助として贈った。

又、農業支援としてアメリカで製造した化学肥料、農薬を持ち込んで生産は急速に回復していった。この後、各国の農業はアメリカ近代農法へと、急速に姿をかえた。アメリカが、大量の化学肥料・農薬を製造する土台となったのは、戦争そのものであった。戦争遂行のために、火薬（爆弾の材料）と、化学兵器（毒ガス）工場が数多く建設された。

しかし戦争が終わると、火薬工場は化学肥料工場に、毒ガス工場は農薬工場に看板を掛けかえて、同じ原料で工場は休むことなく製造し続けた。そして援助の名のもとに、世界中に売りつけたのである。武器の平和利用であり、その流れは二一世紀まで続いている。

戦後日本に、アメリカ進駐軍が持ち込んだＤＤＴ（防疫・殺虫剤）の殺虫効果に、目を見張った。日本人は、アメリカ製の農薬・化学肥料を宝物のようにありがたがり、アメリカの指導のもとに近代農法を無批判に受け入れた。そして日本古来の有機農法を、非能率で時代遅れの遺物として捨ててしまった。

しかしヨーロッパは、その国の伝統農法を大切にして、今も有機農法が盛んである。その理由は、病害虫や雑草が少ないという利点に恵まれている。裏を返せば、自然がそれほど豊かでないということだ。日本をはじめ、東南アジアモンスーン地帯は、欧米よりはるかに豊かな自然環境である。それだけに、病害虫や雑草が多いことも確かだ。

私は戦後間もない子供時代から青年期にかけて、家の農業を手伝っていた。祖父は明治の前の時代に生まれ、日本古来の農業を営んでいた。私はその技術を直接学ぶことができた。今それをふり返ると、素晴らしい日本伝統の農法を身につけたと感謝している。

病害虫や雑草は、昔も沢山あったと思えるのに、農薬など必要なかった。常に農薬を撒布し、化学肥料をやらなければ、害虫が作物を食い荒らし、病気が枯死させるほど弱い農作物ではなかった。古来日本の農地と作物が、手のほどこせないほど病害虫が蔓延するような事のないよう、自然の中に抑止力が働いていたと、今になって気付いている。

今やあらゆる作物は、自力で病気をいやし、害虫に打ち勝つ力を失って、強力な薬剤と人間の保護の手がなければ、枯れて死滅してしまうほど脆弱《ぜいじゃく》になっている。過度の品種改良、遺伝子操作によって、野生味と抵抗力を失ってしまった。

その象徴が、世界中のバナナがウイルスによって絶滅する危機を迎えている。

神が用意された創造的農業

聖書の第一頁を開くと、こう記されている。

「初めに、神が天と地を創造した。」(創世記一・一)

「神は人をご自身のかたちとして創造された。」(創世記一・二七)

「神はお造りになったすべてのものを見られた。見よ。それは非常に良かった。」

(創世記一・三一)

「神である主は人を取り、エデンの園に置き、そこを耕させ、またそこを守らせた。」

(創世記二・一五)

神はアダム（人類）に与えたエデンの園（農地）を耕して、食糧を生産し、その地を守ること（自然保護）を命令された。それは生命の法則、自然の秩序にそった有機農法である。

有機農法は、土壌中の昆虫と微生物の働きを生かすことが基本である。この微生物こそが、植物を育てる豊かな土壌を生成していくのである。微生物は岩石を溶かして、微量重要元素として土中に貯える。さらに有機物を分解して、窒素・燐酸・カリュームにかえて、植物の根に提供する。地球の表面一〇から三〇センチメートルに繁栄している、名も知れぬ微生物たちこそ最も豊かな農夫であり、地球上のすべての植物・動物・人間の生命維持に不可欠な絆なのである。

土中微生物は、推定六〇〇〇万種も存在している。動物、植物を合わせて二〇〇〇万種だから、その多さは驚異的である。地球上のすべてのいのちあるものは、彼らの恩恵にあずかっている。この微生物の、日夜休まぬ働きを活かすことが、地球を破滅から救ってくれるのである。

たった一個の微生物は、栄養となる有機物が与えられると三〇分たらずで成熟し、分裂増殖し続け、一日で三億個に増え、さらに一日たつと、これ迄地球に生存してきた人間の総数よりも多い数に増えて、肥よくな土壌を壊生する。微生物は土中にほどこされた有機物・糖やセルローズに集中し、繁殖して急速に分解して行く。

これらの有機物が食べ尽くされると、大部分の微生物は死に、その死骸で土壌の有機物総量の半分を占める。そして又、おびただしい死んだ微生物を他の微生物が食べ尽くし、分解する。このようにして、果てしなく循環を繰り返して、植物が根を十分に延ばして養分を吸収できる豊かな土壌となる。

その中の放線菌は、抗生物質「ペニシリン」を醸造精製して植物に与え、植物はそれを吸収して、葉や茎に貯え、侵入して来る。病原菌と戦い、その植物が病気に侵されることを防ぐことさえしている。そのペニシリンを含んだ植物を、人間や動物が食することによって、私たちにもまた様々な病原菌にうち勝つ薬となって、健康を保っているのである。ああ、何んと深い創造の神の知恵、その恩恵は測り知りがたい。

このように創造の神が、人類に贈られた有機農業を拒否して捨て去り、すべての生命にとって毒性の化学肥料、合成農薬に頼る農法は、無知蒙昧《むちもうまい》、愚かという他はない。化学肥料、農薬は重要な土中昆虫や微生物を皆殺しにし、いのちを養う能力のない死の床にしてしまう。そこで、無理矢理作られた安い食料の栄養価は、極度に低く、毒性物質を含んでおり、飢えた人、おびただしい半健康人、不治の病に犯された人を作り出す。

アメリカは、世界で最も豊かな食生活を楽しんでいる。そのアメリカ人の多くが、健康維持のために人工の栄養補助剤、サプリメントを毎日何十種類も服用している。いかにアメリカ産の食料が、栄養不良なものであるかを証明しているのではないだろうか。

有機農業の素晴らしさ

私が本格的に有機栽培を始めて、丁度一六年を迎えた。目の前の畑は、黒々とした腐植物をたっぷり含んだ土が盛り上がっている。一六年前、隣りの畑と同じ高さだった。今では三〇センチ以上高くなっている。毎年春と秋、手造りの堆肥を入れ続けて来たためだ。それに、土の中の空気がふえて、土をふくらませた結果でもある。

冬でも土の中に手を入れると外気よりも暖かい、微生物が増殖を繰返している証拠だ。わずか一〇〇坪の畑から、あふれるほど野菜が稔り、感動、感謝の気持ちがわいて来る。

収穫したものは、すべて高齢者福祉施設や教会、友人、親戚に贈っている。金額的に計算したことがないので、どの位いか分からないが、多くの人を支え、必要を満たしていると思うと喜びがあふれて来る。

旧約聖書のアダムは九三〇歳まで生きて（創世記五・五）、農業を営んで、生涯を送った。多くの子供、孫、ひ孫など、親族がふえ食料生産は年ごとに必要量が増して行ったと思われる。こうして聖書は、有機栽培による農業を社会の中心に置いて、その大切さを語り続けているのである。聖書は、人類の歴史を通じて、常に飢餓と戦争を繰り返したことを有りのままに記している。その背後には、いつも神への不信仰、不従順があった（創世記四〇―四六章）。その中で、ヨセフの物語は現代に必要なメッセージだ。

当時、世界は覇者エジプトの王パロから大衆に至るまで、偶像礼拝や妖術にそまっていたが、七年間は農作物の大豊作で浮かれていた。ヨセフはその状況から、やがって七年間の大凶作が起こり、世界中が飢饉に襲われることを直感した。

ヨセフは、神の知恵によって食料生産を奨励し、収穫物をすべて買い上げ、備蓄した。やがて飢饉の年が始まると、食料の統制、公平な分配を行い、エジプトと周辺諸国を飢饉から救ったのだ。この危機にさしかかっている今の日本に、ヨセフのような神への信仰と農業に生きる、若き指導者が求められているのである。

有機農業は土壌微生物が主役

地は植物、すなわち種を生じる草を、種類にしたがってまたその中に種がある実を結ぶ木を、種類にしたがって生じさせた。神はそれを見て良しとされた。

（創世記一・一二）

日本は微生物資源の宝庫

日本民族は長い歴史を農耕民族として、いのちの糧をほとんど自給生産して昭和のはじめ頃まで生き抜いてきた。収穫した米や麦、豆類、野菜など、酵母菌を活用してじっくり時間をかけて発酵させ、味噌、醤油、酒、酢、漬物、納豆など栄養豊かでおいしい調味料や保存食に造りかえて、世界に誇れる和食文化を発達させてきた。その生活文化の中心は「いかに微生物を活かすか」にあった。

一方ヨーロッパ人は、狩猟民族として歴史が始まり、常に移動生活をすることから伝染病やケガによる化膿に苦しめられていた。そのため「いかに微生物を殺すか」が課題であり、殺菌の技術を第一とする医学を発達させて今日に至っている。この流れが、いのちある微生物を無視して、土を単なる物体とみなす近代農法につながっているのではないだろうか。

日本人の土に対する愛着は、格別である。昔から農家の人は、自分の田畑の良し悪しを気づかって「良い土づくり」に苦心してきた。藁、落葉、もみがら、雑草などに、動物の糞や人糞をまぜて堆肥を毎年作ってすき込み、土の様子に注意を払ってきた。これが日本伝統の有機農法であり、土壌微生物学が発達して、科学的にその良さが確かめられるはるか以前から、経験によって、その知恵が技術として積み重ねられてきたのである。

日本は資源の乏しい国だと言われているが、微生物に関しては、資源大国である。日本の国土は南北に細長く、亜熱帯から亜寒帯まで、全土が樹木に覆われ、砂漠やサバンナなどやせた地はない。四季を通じて降雨も多く、土には絶えず有機物が補給されるために、土中微生物の絶好の住みかであり、種類も多い。

日本の土壌では、一グラムの中に一億から一〇億もの細菌、放線菌、糸状菌、藻類、原生動物、土中昆虫がいることが確かめられている。微生物の多くは、肉眼では見えない。しかし動物や植物と同じいのちのある生き物である。この無数の微生物は、人間の生活のためにどれ程多く貢献して、そのいのちを落としているか誰も気づかない。

京都の比叡山のふもとに、曼殊院というお寺の境内に、石で刻まれた菌塚がある。これは、私たちの暮らしを豊かにするために犠牲になった、この世で一番小さな微生物のいのちを供養し、感謝とお礼の気持ちをこめて、このお寺によって建てられた世界で唯一の石碑である。

目に見えない微生物を見て、確かめることができるようになったのは、オランダの商人レーエンフックが「小さいものを見たい」という好奇心によっている。彼は、余暇にガラスレンズを磨いて、小さいものを見分けるのが趣味であった。一枚のレンズによる拡大の限度は、五〇〇倍までだが、多くの細菌や微生物の発見と、その生態を観察し、今日の細菌・微生物学の基礎を築いた。

パスツールが、初めて細菌を発見した時のエピソードは有名である。「食べ物が腐る」これが微生物の作用であることが分かったのは一九世紀後半、今から一〇〇年少し前である。パスツールは、様々な実験によって「人に病気が発生し、又伝染する」原因が、見えないほど小さな微生物によるものであることを、世界に認めさせ、感染性疾病は急速に征服されていった。

こうして、あらゆる物体に付着している細菌、水の中、土の中、空中にただよっている細菌、人間や動物の体内と、あらゆる処に無数の微生物が存在していることが解明されている。とりわけ土壌微生物は、格段に種類も数も多いことが分かってきた。

微生物は万物を育む最も小さい家畜である

地球上のあらゆる動物、植物の生命体は、そのいのちをまっとうし終えると遺体となって土に還る。土から生まれ、土に還った動植物の有機物は、新たな生命の誕生の素材となる。その循環の重要なカギを握っているのが、土の中に住んでいる微生物である。もし彼らの働きがなかったら、地上はとっくに動植物の遺体の山となって不潔きわまりなく、人間は住むことはできない。

秋から冬にかけて、山脈を埋めつくした落葉が、翌年の夏を過ぎる頃になると、いつの間にか消えてなくなっている。そこに住んでいる土中昆虫や、微生物に噛み砕かれ、食べられ、消化されて栄養となっているのだ。こうしておびただしく増殖した微生物たちは、短い一生を終えて死滅する。

その遺体は窒素、燐酸、カリューム、カルシューム、その他、微量元素、植物の根にとってごちそうの保存庫となり、土壌中に蓄積されていく。このように微生物は、「有機物から植物の養分となる」無機肥料を生成し、貯蓄する役割を果たしているのである。

化学肥料として、人間が直接畑にほどこした無機質は、自らを保持することができなくて、雨が降ると水に溶けて流れ出てしまう。そして川や海、地下水を汚染して、水道水として使用できなくなっているのである。しかし微生物によって貯えられた無機養分は、雨が降っても流れ去ることはなく、無駄なく植物の根にしっかり届けられている。

重要な窒素固定菌の働き

微生物の中には死んだ後、植物の肥料となるだけでなく、彼らが生きている間も、空中に気体としてただよっている窒素を、植物が吸収できるように、土の中に固定する窒素固定菌が、数多く存在していることが分かってきた。

植物の生育に必要な無機養分のうち、窒素以外は土壌の元である岩石の中に含まれる。そのため、ある程度は自然に供給されている。しかし窒素は岩石内にはほとんど存在しないため、常に窒素成分は投入されなければ、植物の成長は止り、作物を生産することができない。

マメ科の植物の根に好んで寄生し、窒素を固定する根粒菌の存在はよく知られている。昔から、マメ科の栽培後に植えた作物には収穫が多いことは、経験的に分かっていた。実際、大豆をやせた土地にまいて、特に肥料をやらなくてもある程度収穫することができている。マメ科の植物は、世界中で最も種類が多く、一万八千種の植物が存在しているという事実は、創造の神の配慮と言ってよいと思う。現在ではマメ科以外の作物、サトウキビ、芋類、トーモロコシ、小麦、稲ススキなどの根に付く根粒菌が、マメ科ほど効率はよくないが働いていることが分かっている。

さらに、植物と共生する窒素固定菌以外に、単独で固定の働きをしているものが三三科八五属にのぼる微生物が発見されている。このように自然界の循環サイクルが、備えられているのだから、これを無視して人工の肥料のみに頼る農業ではなく、このシステムが完全に働くように注意深く見守り、手助けすべきではないか。

本来農業とは、このサイクルを人工的に、耕地の中に再現し、効率よく利用して特定の作物を生産して行くことなのだ。

微生物との共栄

地球上に生存する全生物の中で、種類も総量も断然多い微生物、ことに土壌微生物は地球環境に、基本的で重要な役割を果たしている。この微生物たちは、土の中で互いに平和に暮らしていると思われるが、決してそうではない。微生物同士が生存をかけて、「喰うか喰われるか」争っている。

そうして微生物（細菌）の中には、植物をはじめ、人間や動物に病気をもたらすものが存在しているが、実際には病原性をもつ微生物は、ほんのわずかである。土壌管理が悪ければバランスを欠いて、病原菌・腐敗菌の多い不良土壌となってしまう。

微生物のバランスが良ければ、彼らは病原菌と戦って植物を病気から守って、健康な作物を提供してくれる。ゆえに原則として、健康な土づくりをして行けば、化学薬品である農薬や化学肥料に頼る必要はない。

人間の手が加えられない、自然の森林や草地は健康な植生を保っている。このことから農業にとって一番大切なことは、いかにバランスの良い土づくりをしていくかにかかっている。そのためには同じ肥料を続けて投入せず、たとえば牛糞堆肥ばかりでなく、落葉、稲藁、もみがらなど材料を変えて、堆肥づくりを心がけるべきである。

天地創造の神は、人類に必要な食料を提供し続けるために、このような緻密な環境システムを、不変の法則として与えておられるのである。地球上に埋蔵されている鉱物・エネルギー資源は消費すると無くなって、再び利用することはできない。しかし微生物は、いくら利用しても枯渇することはなく、ますます増えていく無限の資源である。

有機農業とは何か

神である主は、その土地から、見るからに好ましく食べるのに良いすべての木を生えさせた。園の中央には、いのちの木、それから善悪の知識の木を生えさせた。

（創世記二・九）

化学肥料・農薬の正体

人類が農業を始めたのは、石器時代の後期から、縄文時代の初めだと一般に言われている。その頃は勿論、一〇〇年前まで長い農耕の歴史を通じて、農薬や化学肥料は存在せず、自然の循環に則した「有機農業」として何千年も続けられ、人類の食料を生産し繁栄して来た。

ところで、スウェーデンの化学者ノーベルが、一八六六年にダイナマイトを発明したことは、あらゆる面で世界の近代化をもたらした。実は、これが近代農業と深いつながりがある。何よりも、ダイナマイトの強力な破壊エネルギーは、戦争を大規模な近代戦にエスカレートさせた。

はじめは、火薬の原料である硝石は、南米チリから天然の鉱石を採掘し、輸入していた。しかし、遠い海の向うからヨーロッパまで、船で運ぶ航海は、多大な時間と費用がかかり、危険が共なう。そこでドイツは、空気中に気体で無尽蔵に存在する窒素を、アンモニアに固定する技術開発に国力をかけていた。

二〇世紀のはじめ、ドイツの化学者ハーバーとボッシュは、空気中の窒素からアンモニア合成に成功し、二人は一九〇九年にノーベル賞を受賞した。そしてドイツは一九一三年にアンモニア工場を建て、火薬を大量に製造しはじめた。そして翌一九一四年、第一次世界大戦に突入した。

このヨーロッパ大陸諸国を巻き込んだ第一次世界大戦は、毒ガス戦としても知られている。塩素ガス、青酸ガス、ホスゲン、クロルピクリン等の毒ガスが開発され、爆弾に詰めて敵地に打ち込んだ。これら毒ガスによる人間殺傷は、その惨状があまりにもむごいと、世界中で非難が起り、終戦後ジュネーブ条約で、戦争に毒ガス使用禁止の協定が結ばれた。しかし、続く第二次世界大戦では、サリン、タブリン、パラチオン等さらに強力な毒ガスが戦場に撒かれたのだ。この二つの戦争が終わって、大規模な火薬と毒ガス製造プラントは不用となったが、工場はそのまま化学肥料と農薬の生産を続けたのだ。火薬は窒素肥料に、毒ガスは作物を荒らす害虫駆除と除草剤になって、世界中の畑に撒かれるようになり、今日に至っている。

植物を殺す除草剤は、ベトナム戦争でアメリカが「枯れ葉作戦」と称して、ベトナムのジャングルに空から大量に散布した。ベトナム人の隠れ場所や、武器を空から見つけて攻撃するためだった。除草剤に含まれているダイオキシンは、奇形児や癌を多発させ、今もベトナムの人々を苦しめている。また催涙ガスは、今でも各国の暴動などの鎮圧に使用されている。

大戦が終わって七〇数年、アンモニアや硝酸は化学肥料として、毒ガスは薄めて殺虫剤、除草剤と名前を変えて世界中の農地に家庭用殺虫剤として小型ボンベに詰めて、戦場よりはるかに広く毎年繰返し撒かれている。このような危険な殺傷物質を使用して、人間や家畜が食べる食料を生産する恐るべき方法が、近代農業であることを知らねばならない。

人はなぜ農薬を使い続けるのか

農業協同組合の売店や、ホームセンターの園芸品売り場には、化学肥料と農薬類がところ狭しと並んでいて、栽培の相談にアドバイスしてくれる農業指導者がいる。いろいろ尋ねると、化学肥料と農薬使用を必ず勧めてくれる。人は、なぜ農薬を使い続けるのだろうか。「それは、害虫を駆除するためだ」と皆が言う。

害虫や病原菌を殺して農作物を守ってやらなければ、労力をかけて、せっかく育ちかけた大切な作物が、病害虫に喰われたり枯れてしまうと心配するのだ。確かに殺虫剤をかけてやれば、害虫は死ぬ。しかし死ぬのは、害虫ばかりではない。

本来、害虫を捕食していた、クモ、蜂、てんとう虫、カマキリ、トカゲなどの益虫も死んでいるのだ。殺虫剤は害虫だけを選んで殺すわけではなく、畑に住んでいるすべての生き物、微生物も含めて全滅させ、死んだ土壌となってしまうのだ。

私の住んでいる岡山市の東隣り、瀬戸内市牛窓地区は農業が盛んで広い農地は、農水省によるキャベツ、白菜の指定産地に登録されている。夏はカボチャ、西瓜、冬瓜、秋から冬にかけて同地区の畑は、すべて見渡す限りキャベツや白菜が植えられる。

この広い野菜畑に、蝶一匹、蜂一匹飛んでいない。シーンと静まり返って、そこは命のない死の世界だ。工場で製造されたような、形の揃った野菜が並んでいる。葉っぱは、虫喰いの穴ひとつなく、いかに農薬をかけたものか、畦にはその地域共用の大型動力コンプレッサー（噴霧器）が置いてある。

一方、私の小さな畑には、蝶や蜂が毎日乱舞している。秋から冬にかけて、キャベツ、ブロッコリー、白菜、大根その他野菜には、様々な虫が居る。虫たちは「ここの畑の野菜は、食べても安全だ」と互いに知らせあって、付近から集まってくるのだろう。

「虫喰いの野菜は売れない」「農協も引き取ってくれない」しかし、これこそ農薬まみれで、虫は食べると死ぬと知っていて寄り付かない、本当に怖い話なのだ。農薬の怖さを知っている農家では、売るための野菜は農薬を一杯かけ、自家消費用は農薬を使用せず、栽培している実情を知ってほしいと思う。

土中微生物の偉大な働き

地球上すべての物質は「有機質」と「無機質」の二つに、分類することができる。いのちあるものから生じる物が有機質で、いのちのない鉱物や分子化合物が無機質だ。動物が生きていくための食物は有機質で、無機質は水（H_2O）以外栄養として、取り込む事はできない。

反対に、植物は自ら作った有機質でも、そのままでは栄養（肥料）として吸収することはできない。そこで、その仲立ちをするのが、土中微生物の偉大な働きだ。その種類は、まだ解明されていない。熱帯地域や極地に生息するものを含め、地球上には約六〇〇〇万種存在すると、微生物学者は推定している。

どんな土の中にも一グラムに一億匹はいる。よく手入れされた畑の土壌には、一〇億匹もいて、彼らは日夜休みなく、土の中に入れられた堆肥や植物残渣、動物の遺体や排泄物（有機質）を食べて（分解して）無機質に戻す物質循環という、大きな働きをしているのだ。もしこの働きがなかったら、地球上は動植物の死体（生ごみ）に埋まってしまう。

微生物は、勤勉な地球の掃除屋さんであり、動物と植物の命をつなぐ奉仕者なのだ。大ざっぱに言えば、動物が残した有機質の蛋白質、炭水化物、脂肪を、植物が欲しがる無機質の窒素、燐酸、カリュームに作り変えているのだ。農業は、この微生物の恩恵によって、有機農業として成り立っている。万物創造の神が、これ程まで完全に作り上げ、人類が永続し、繁栄して行ける循環システムに従うのが、有機農業なのだ。

化学肥料の諸悪

近代農業は、このような仕組みを否定し、人間の作った化学肥料と農薬に頼って、農作業の手間をはぶき、通常より早く、より大きく促成栽培し、利益を得ようとする。早く大きくなるということは、良いように思われるが、それは外見だけで中味が充実しておらず、味も栄養も乏しい価値の低いものだ。

例えば冬のほうれん草は、秋の太陽をじっくり浴びて、ゆっくり成長して行き、多量のビタミン類やカロチンを含む。夏物は、短い日数で成長するため、まして化学肥料で促成栽培したものは、作物が楽に養分吸収が出来るために、根の成長を怠けてしまう。そのため、根圏が極めて乏しく、地上部は大きいのに根が貧弱なために、水ぶくれて収穫するとすぐしなびて腐敗も早く、価値のないものでしかない。

それだけでなく、過剰に撒かれた化学肥料は、作物が必要以上に吸収してしまい、植物の光合成による有機化が間に合わず、硝酸態窒素（無機質）のままで含有した毒野菜となっている。血液の重要な働きである、ガス交換を妨げ、排出すべき二酸化炭素が体内に滞留してしまう。ひと頃、生れて間もない赤ちゃんの体が青ざめて元気のない「ブルーベビー」が多く見つかり、社会問題になった。食べた物と血液を調べた結果、硝酸態窒素を含んだ離乳食によって、硝酸と血液中のヘモグロビンが結びついて、赤血球が酸素を運ぶ役割をはたすことができず、体内に酸素不足が進行していることが原因であることが分かった。

この症状は、体が小さく抵抗力の弱い赤ちゃんに現われやすく、大人にも同様なことが起こっている。残留農薬、化学肥料は癌を誘発する物質でもあるのだ。ことに中国の農業は、農薬・化学肥料を無制限に使用した毒菜が多く、中国の富裕層は、自国の農産物を食べないと言われている。

しかし、国産に比べて中国産は格段に安値なため、輸入業者の儲けが多く、外食産業や食品加工、安売スーパーを通じて私たちの口に大量に入っているのだ。

日本農業の進むべき道

アメリカ、ブラジル、オーストラリヤなど大陸農業は、大型機械による耕耘と農薬・化学肥料を使用した単品省力生産が主流だ。しかし、循環型有機農業には向いていない。日本のように、狭くて起伏の多い農地は、北海道を除いて、大型機械は使えず、むしろ有機農業に向いている。

日本が、外国の大規模粗放農業による低価格生産物と競争しても、到底たち打ちできない。幸いなことに、日本の有機農産物は世界でトップの品質を誇っている。今後さらに研究を進め、より栄養価の高い、安心安全な信頼できるものとすべきだ。日本農業の再生と繁栄の道は、ほかにない。

急がれる有機農業への回帰

町々は荒れ果てて、住む者がなく、家々も人がいなくなり、土地も滅んで荒れ果て、主が人を遠くに移し、国の中に捨てられた所がふえる…。

（イザヤ六・一一―一二）

土は全生物の生存と繁栄の土台である

人類をはじめ、すべての生き物が地球上で共存し、永続的に繁栄していく基幹は「土」である。人間が健康で活力ある生命を維持し、次世代につないで行くための食べ物を豊かに生産して行くには、良好な土壌を醸成して行く以外にない。

海の魚でさえ、陸地をおおう森林から雨水と共に溶け出した栄養物が、川を下り海に注がれ、海中微生物やプランクトンを養い、すべての魚類の食物連鎖を形づくっている。

地球上の、全生命の食べ物の源である植物を育てるのは、地表わずか数一〇センチにある土だけである。ゆえにどの国に於いても、土壌の肥沃度が、個人の幸せから国家の平和と繁栄、文化の発展に至るまで、決定的なカギを握っている。

良い土壌は、一朝一夕に出来るものではない。世界で最も品質の良い日本米は、開田以来五〇〇年間、最善の管理を続けて来て初めて生産することができる。実際、篤農家の田圃の土を手に取ってみると、しっとりとした心地よい手ざわりがする芸術品のような、良い土壌に出会う。昔から農家の人びとは、所有する田畑を丹精こめて理想の土づくりに専念してきた。

「土一升、金一升」という言葉がある。これは一升ます一杯の良い土は、同じ升に満たした金貨と同様の価値があると考えた。これ程の思いを込めて、土づくりの努力に一生をかけて農業（有機）を営んできたのである。

破滅に向かう近代農業

ところで一九世紀、イギリスで始まった産業革命は、ヨーロッパはもとより全世界を巻き込んで、あらゆる産業を人力、畜力から動力機械による製産体制へと、合理化・効率化をうながし、大量生産を可能にした。長年続いてきた自然を相手とする農業にも、近代化の波は押し寄せた。

その頃、ヨーロッパの農業技術は、最も成熟した有機農業であった。すべての農産物は品質が高く、人びとと社会全体の健康は、食べ物だけによって保たれていた。ところが第一次、第二次世界大戦が終結すると、戦争のために大量に製造してきた火薬（爆弾の原料）と毒ガス（化学兵器）は不用になった。

その行き先は、戦場から世界の田畑に、化学肥料と農薬に名前をかえて売りまくった。戦車は、大型農業機械となって土壌にのしかかってきた。最も労力を要する耕耘から、人も家畜も解放されたのである。家畜は不用になり、各農家から出る堆厩肥は化学肥料に替えられていった。伝統の有機農業は「非効率である」と、従来の技術や方法は否定され、近代農法へと大きく変化していった。

二〇世紀後半、すべての生命の設計図である遺伝子が解明されると、遺伝子の組み換え技術を駆使して、異種の、しかも植物、動物、微生物の垣根を越えて都合のよい遺伝子を、何種類も入れ変えた。そして病気や害虫、農薬に負けない、しかも飛躍的に収量の多い作物を作り出している。しかし、これは一時的な効果で、環境への悪影響や生体への影響などは、解明されていない。今までに、地上に存在しなかった動植物混合の生命を作り出し、それが農業の主流に向かっているのだ。

かつて農産物は、近距離の地域内で流通消費されていた。近代化は大量生産と、輸送、保存手段の進歩によって全世界が市場となり、工業製品同様の貿易商品として世界中を駆け巡っている。ことに基礎食糧である穀物（小麦、米、大豆、トーモロコシ、菜種）は、無国籍の五大穀物メジャーに独占され、販売先と価格を支配して利益を上げ、国を思うようにあやるつ戦略物資とされている。

これを生産するのは、アメリカ、カナダ、オーストラリア、ブラジル、アルゼンチンなど、オーストラリアを除いてすべて南北アメリカ大陸で、しかも近代農業によって品質の低いものとなっている。

地球上に住む多くの民族や国で、これまで大事に守り栽培して来た、固有の特産作物がある。しかし農産物の地球規模の流通は、食の単一化だけでなく、貴重な植物資源の消滅

「種の絶滅」を進行させている。動物や植物の種の減少は、やがて人類の滅亡へと向かわせることを表している。

地球を覆う化学物質の汚染

近代農業による化学肥料、農薬の多投入は、土壌の劣化、荒廃、そして死滅を加速させている。土の中の有機物（腐植）は失われ、保肥力、保水力を失い、土壌中のミネラルは損なわれ、作物が必要とする栄養である、ミネラル類の欠けた農産物となって、それを食料とする人間や、家畜は健康を維持していくことができなくなっている。

世界の畑地で起こっていることは、土中微生物や土中昆虫が死滅し、もはや死んだ土となっていることだ。今や、世界の耕地は酷使され、疲弊し、消耗し、病んでおり、合成化学薬品で毒されている。

そのために、生産された農産物によって、かえって病気や栄養失調を招いている。現代、内臓の気質性疾患は、土壌中の微量元素が本来含まれているべき必要ミネラルの、不足から来ている。土壌は初め、岩石が風雨によって壊れ、粉となり、そこに含まれていた元素が植物に吸収され、人間や動物の栄養となる。

一番基本となる蛋白質、脂肪、炭水化物の次にビタミン類一〇種、ついで七つの主要ミネラル①カルシューム、②燐、③硫黄、④カリューム、⑤ナトリューム、⑥塩素、⑦マグネシュームである。さらに微量一五種類のミネラル①鉄、②亜鉛、③銅、④クロム、⑤コバルト、⑥セレン、⑦マンガン、⑧モリブデン、⑨ヨウ素、⑩フッ素、⑪ニッケル、⑫ケイ素、⑬スズ、⑭バナジウム、⑮ヒ素、である。

この微量ミネラルは、すべての生命を造られた神が、健康に生きていけるように、初めから土の中に用意しておられるものであって、人間が後から加える必要はない。しかし、近代農業は愚かにも、化学物質を入れて、ミネラル類を溶脱させてしまっているのだ。

誤った農業が巨大文明を滅ぼす

過去の歴史を通じて、巨大国家が滅亡した原因には、共通したものがある。それは、目先の利益だけの略奪農業や欲望生活によって、土壌や森林などの環境を破壊し尽くした事による。地中海沿岸に広がっていた、すぐれた文明中心地、ペルシャ、メソポタミア、北アフリカに栄えた巨大な都市国家の滅亡は、その地の土壌の消失によって起こった。

古代エジプトは、アフリカ中央部から年ごとに栄養価の高い水が、年一度のナイル河の氾濫《はんらん》を通してエジプトの大地を潤した。人々は肥料を加えることもなく、ただ種をまきさえすれば、野菜、穀物、果物、そして木材が供給されていた。その豊かな富があったからこそ、数百のピラミッド群の建設が可能であった。

隣国のエチオピアは、かつて国土の四〇パーセントが豊かな森林で、豊富な水源によって肥沃な農地は潤されていた。しかし、無秩序な伐採によって四〇年間で一パーセントに消失してしまった。それ以来、水も涸れ、荒地化が急速に進み、経済の混乱が始まり、飢餓と内戦が続いた。

この急速な自然破壊が、崩壊の引き金となり、アフリカ大陸で唯一の古い歴史を持つ誇り高いキリスト教国は、秩序を失い、テロが日常化する無政府状態となってしまった。

アメリカ合衆国は開国以来、略奪的な商業農耕によって、それまで五〇〇〇年間蓄積されていた肥沃な土壌の四〇パーセントを失っており、荒廃してしまった。その面積は、ドイツとフランスを合わせた全耕地面積より広い。化学肥料により、死んだ畑の土は毎日五億トンが海に流失し続けているという。

アメリカが、このままの農業を続けるなら、今世紀末までにアメリカの大地は、大部分は砂漠と化し、かつて世界の穀物倉庫と自負していた面影は、砂の下に消えてしまうだろう。ローマ帝国は、一一〇〇年間繁栄を誇った。しかし現代の西欧諸国の文明、その覇権は今後何年続くだろうか。

いま尚、近代農業は暴走し、世界中で進行している農地の砂漠化は、止めようがない。地球上で毎年、四国と九州の面積を合わせたほどの農地が、砂漠化し続けている。

急がれる有機（循環）農業への回帰

創世記の最初に、神が創造し、アダムに与えたエデンの園は、二つの大河チグリス川とユーフラテス川の間にあった（あと二つのピジョン川とギホン川は痕跡もない）（創世記二・一一、一三）。その理由は、創造の神の戒めに従わず、アダムが生きた九三〇年間の浅知恵や、欲望のみによって略奪農業を続けた結果「いばらとあざみ」（創世記三・一八）しか生えない荒地と化した。

しかし聖書の最後には、「神の都・新しい新天新地」（ヨハネ黙示録二一・二）の中心に完全に回復した森と農地の姿を見ることができる。そこに人類の唯一の希望、福音がある。すべての国、民族は一人ひとりが悔い改めて、創造の神に立ち帰らなければならない。「都の大通りの中央を流れていた。川の両岸には、いのちの木があって、十二種の実がなり、毎月、実ができた。また、その木の葉は諸国の民をいやした。」

（ヨハネ黙示録二二・二）

土は皆んなの宝物

土地は、あなたのために、いばらとあざみを生えさせ、あなたは、野の草を食べなければならない。あなたは、顔に汗を流して糧を得、ついに、あなたは土に帰る。

（創世記三・一八―一九）

土は金銀宝石にまさって尊い

ある国の王様はとても「金」が好きで、金貨や金の彫り物など、沢山集めていた。それでも、もっと沢山の金を手に入れたいと、そればかり考えていた。ある夜、夢の中に魔法使いが現われて「お前が一番欲しいものは何か。何でも望むものひとつだけかなえてやろう」と言った。

王様は喜び勇んで「私が手で触れるものは、すべて金に変わる力を授けてもらいたい」と願った。翌朝、昨夜の夢は本当かどうか早速試してみた。召使が着替えの服を持って来たので、手に取るとたちどころに金の服になった。王はうれしくなり、テーブル、ランプ、壁と回りのものに次々触って、王の宮殿はすべて金になった。

夕方になって空腹を感じ、朝から何も食べていなかったことに気付き、王様は食堂に用意されたご馳走を食べようと、手にしたパン、肉料理、ぶどう酒もすべて金になってしまい、食べることができなかった。数日後、ついに金に埋もれて、飢え死にしてしまった。

この話は「生きて行くために、一番大切なものは何か」というイソップ物語の中の一つだ。多くの人は、金や科学知識を求めている。しかし人間が生きて行くために、最も大切なものは身近にあるという一つの寓話として、書かれたものだ。

土は、金銀、宝石にまさって価値のあるものだ。科学の始まりは、錬金術から発展して行った。やがて、科学の力を手にした人類は、その進歩に酔いしれ、土への無関心の度合いを増して、土の価値を軽んじるようになった。

科学は、人間を土から遠ざけ、虐待し、もともと自然界には存在しない合成化学物質を大量に作ってまき散らし、土を殺している。その付けは、あらゆる植物、動物のそして人間の健康を、回復困難なほど、損なう方向に向かっているのだ。地球上の土は、その地の気候と協力して特有の植物を育て、稔りを与えてくれる。

その地が、提供してくれる栄養ある食料によってのみ、人間をはじめすべての動物は生きて行くことが出来るのだ。土こそいのちを支え、繁栄して行くエネルギーの源であり、あらゆる生命は土を離れて生きて行くことはできない。土は使用法を間違わなければ、減ったり、無くなったりすることはなく、永久に使い続けることができる貴重な資源なのだ。

聖書の一番はじめに、神は「エデンの園」という豊かな土地を造り、食料となる植物を生えさせ、アダムにそこを耕させ、食料となる植物を栽培するように命じられた。だから農業は、神が人類に最初に求めた聖なる務めなのだ。（創世記二・一五）

幼な子の土への愛着は、一生を生きて行くエネルギー

赤ちゃんが歩きはじめ、初めて外に出た時、まず関心を示すものは足元の土だ。小さな手で、あきることなく土や砂をさわって遊び、その感触を楽しんでいるようだ。幼児期になると、土に水を混ぜて「おだんご」を作ったり、砂場で山を作り、トンネルを掘り、手にしているスコップは大型の土木機械ブルドーザーのイメージを描くのだろうか。誰から

も教えられないのに、子どもたちはこれほど、土に触りたい、土とたわむれたいという衝動、土への愛着はどこから来ているのだろうか。

聖書は、全能の神が宇宙の森羅万象を創造した後、人を神ご自身に似せてお造りになった。その材料は、土なのだ。「神である主は土地のちりで人を形造り、その鼻にいのちの息を吹き込まれた。そこで人は生きものとなった。」(創世記二・七)

幼い子どもが外に出て、土いじりをすると「汚い、触れてはいけない」と若いお母さんは泥遊びを禁止する。土の中の病原菌に、可愛いわが子が侵されて病気になることを心配したり、きれいな服が汚れることを嫌って、止めるのだろう。

清潔産業と言われる企業の、テレビコマーシャルは朝から晩まで一日中、「恐ろしいバイ菌や嫌な臭いに気をつけよ」と、除菌、抗菌、消臭の薬剤スプレーを宣伝している。外はもちろん、居間、ソファー、トイレ、台所、まな板、家中に殺虫、殺菌薬をふり撒いて、清潔で文化的な生活をするようにと、そそのかすのだ。

それらの薬剤を多様することの方が、よほど体に悪い影響を及ぼしているのではないだろうか。文化生活とは、土から離れ、細菌をシャットアウトすることだと洗脳され、製薬会社の商品でいつの間にか、家の中はあふれている。

幼児が、土に触ることを禁止し続けると、やがてその子は「土は汚く病気のもとで、触ってはいけないもの」と思い込んでしまう。そして、せっかく芽生えた土への関心はしぼんでしまう。ついに部屋に閉じこもって、ゲーム、テレビ、パソコン、スマホなど人工の機器にばかり興味を持つ、電子オタクの人間にしてしまう。

田舎から都会に出て結婚して、男の子が生まれたあるお母さんから、こんな話を聞いた。二〇階建ての、マンションの最上階に住んでいる母子が、実家に四歳の男の子を連れて里帰りした。男の子は外で、ある物を握りしめて母親のもとに来て「ママ、これなあに」と差し出した物は、丸い石ころだった。

どこにでも転がっている石ころを、その子は見たことも触った事もなかったのだ。生まれて以来、人工の構築物や機器ばかりに囲まれて成長して行く子供は、将来どんな人間になるのだろうか。健全な人間として、成熟して行けるだろうか。ある心理学者の言葉に「人間は生まれて十歳までに、人類が辿って来た、石器時代から現代までを追体験しなければ、健全な人間性は育たない」と言っていた。

土は、人間の心を育んでいるのだ。それゆえ、土に対して嫌悪感を植えつけられた子供は、成長した時、土を人生の友とし、農業を生涯の天職とする人はいなくなるのではないか、と稀有《けう》する。

私が住んでいる、岡山市東区は農業と商工業、サービス業が混在する地域で、住宅地を一歩出ると、田畑が見渡す限り広がっている。家の前の道路が小学校の通学路で、朝夕子どもたちが行き交じっている。子どもの体格や顔を見るにつけ、健康でたくましく野性味あふれる「自然児」は一人も見当らない。背は高いがやせていて、どちらかと言えば弱々しい。また、ひどく肥満の子どもばかりが目だつ。

家の前には、黒々とした畑の土が広がっているのに、親と一緒に農作業をしている子どもの姿を見たことは一度も無い。子どもは、土への関心がまるでないようだ。私の子ども時代は、学校からの帰り道で、通学路から外れて、親が働いている畑に直行したものだ。勉強道具は、あぜ道に置いて、日が暮れるまで農作業を手伝った。

祖父も時折来ていて、母と共に伝統の農業技術を教えてもらう貴重な体験をした。と言うのは、祖父は明治の前の時代に生まれ、農業一筋に生きて来た人で、江戸時代の農業をじかに指導してくれていた。

今や先進国の農業は、土起こし、種まき、収穫も機械化され、以前はどこの家にも居た家畜の姿も、鳴き声も聞けなくなってしまった。畑は子どもが入る場所ではなく、まして農業を子どもの時から手伝いながら学んだりするものではないようになってしまった。

それればかりか、父親は「息子には農業を継がせない」ということをしばしば聞かされる。ましてや娘を、農家に嫁がせることを拒否する風潮だ。これでは日本の農業が衰退して行くほかなく、日本を滅びに向かわせるサタンの策略ではないだろうか。

ところで友人の書道家が、グループの書道展を観に来て欲しいと、招待券を送って来た。沢山の作品の中に、私の心を引きつけた言葉があった。そこには「土に立つ者は倒れず、土に活きる者は飢えず、土を譲る者は滅びない。」と書かれていた。

土の力を失わせる近代農業

実際、わずかでも農業を続けていると、何の変哲もない土地から穀物、野菜を中心とした、あらゆる種類の食べ物が、毎年切れ目なく収穫できていることに驚く。これほど資本のいらない仕事は、他にはないだろう。これが加工食品だと、商品ごとに専用の製造機械を必要とし、他のものを作ることはできない。

このような、秘められている土の力を良いことに、育土を怠り、収穫のみを求めて土を酷使してきた。歴史を通じて、地球上の土を欲しいままに略奪し、その足跡に荒野を残しているのだ。人類は農耕の歴史の初めから、二〇億ヘクタールの農地を不毛にしてきた。これは現在の耕地面積一四億四千万ヘクタールを上回っている。

アフリカのナイル川流域、メソポタミア（中東）、黄河の源流ゴビ砂漠、地中海沿岸の農耕地帯、これら人類歴史の草創期に輝かしい文明を築いた資源は、豊かな農業があったからだ。その農業は無肥料栽培、無計画な森林伐採、過放牧、水不足を補うかんがいによる塩類化、これらによって土は劣化の一途を辿って砂漠化して行ったのだ。

そして、今では荒涼とした樹木一本生えない、岩山や砂漠が広がっている。それは過去の出来ごとではなく、現在も毎年六〇〇万ヘクタールの大地が不毛化され続けている。これは、日本の全耕地面積の一・五倍に相当する広さだ。そして現代の化学肥料・農薬依存の近代農業の弊害は、すでに分かっているのになぜ止めようとしないのだろうか。

それは、自然の懐の大きさだ。人間が、土に対する悪しき働きかけをしても、その結果変化して行くスピードが極めて緩やかで「昨年大丈夫だった。だから、今年もきっと来年も、自分の代は大丈夫だ」と思っているからだろう。

誰の目にも、悪しき結果が明らかになって現れるのは、少なくとも数十年か、一〇〇年先の事で、自分が今、犠牲を払わなくても、楽をして儲かれば、孫の時代は何とかなるだろう。こうして後の時代に負の遺産を残す愚かさを、人類は何度も経験してきた。

ゆで蛙の法則

ところで、生きている蛙を熱いお湯に入れると飛び出してしまう。しかし、この蛙を茹でてしまう方法があるという。それは、まず蛙を丁度よい温度の水槽に入れる、蛙は気持ちよく、そこに住んで居る。そして水槽の水を、蛙が気付かないほど、ゆっくり温度を上げて行くと、水槽から飛び出すことなく、茹で上がってしまうという。

この現象は、今の社会のいろいろな面で起っているのではないだろうか。農業も、そのように滅びて行くスピードがあまりにもゆっくりなので、気付いた時にはもう土の力を回復する手立てが無くなって、放棄しなければならないようになる。

地球は「あふれる生命が存在する奇跡の水の惑星」から、砂漠の星になる日が来るかも知れない。

農業が誇りに思える社会へ

日本が、地球上に位置している環境は、最も農業に適した条件という。日本の国土は、狭くて山が多く、農業には不利だし、大陸を持つ国にはとてもかなわないと、日本人は嘆いてきた。しかし日本を外から見ると、世界がうらやむ好条件に囲まれているのだ。

日本列島はモンスーン地域の北部に当たり、冬の気温は世界の同緯度と比べて四度低く、夏は熱帯に匹敵する高温になる。これは夏に稲、冬には小麦と二大穀物を、自国で生産できる好条件なのだ。日本の降水量は、年間一八〇〇ミリ、世界の平均降水量は七五〇ミリで、二倍以上だ。世界で最も多雨であり（北部の降雪は世界一）しかも乾期、雨期の別なく年中雨が途絶えることはない。世界の農業地帯は、常に水不足に悩まされていることを思うと、まさに農業に最適な恵まれた国なのだ。

山も道端も日本中どこへ行っても、四季を通じて緑におおわれ、裸の山は一つもない。植物の種類、微生物も多く、非常に肥沃な土壌で単位収量は世界の数倍から一〇倍もあり、農産物の品質も非常にすぐれている。

確かに見渡す限り、一枚の畑と言うわけには行かないが、日本の伝統的に持っている有機農業の技術を生かすには、むしろ狭い田畑の方が効果を発揮するのだ。それを生かす努力が、求められているのではないだろうか。

日本人は、伝統的に農業を低く見る風潮がある。江戸時代の支配（武士）階級が、農民を搾取した歴史がある。世界の農業事業を見ると、土地を持たない雇われ農民や農奴に比べると、日本の農業政策はそんなにひどいものではなかった。

今から一五〇年前、開国した明治政府が先進国の西欧の工業力に追いつくために、国民に農業の価値を低いものと教育し、工業（軍事力）の高揚をあおったのだ。その悪しき国政の流れを、今日まで引きずって来た指導者の誤りではないか。原油を含め、鉱物物資、そして食料も高騰を続け、今後はさらに進むだろうと予測される。

これからは、あらゆる物資を輸入に頼ることは至難となるだろうし、第一に輸送費が物資の値段より高くなれば、「輸入食糧」による生活は成り立たないほど高くなってしまう。いよいよ日本の農業が本気になって、すべての国民を養って行く時代がやってきた。

かつて、食料輸入が全くなかった江戸時代、各大名が支配していた藩内の食料や種は、藩の外に持ち出すことを厳しく制限し、領内自給を守り抜いたのだ。今後、世界が日本に対して同様の態度を取る時代が訪れるかも知れない。そうなると、日本の農業の役割は重大だ。食料生産の期待は高まり、農家が尊ばれる時代、日本の農業が世界に誇れる時代がやって来るだろう。

三章　近代農業への警鐘

2008年夏 北海道縦断伝道旅行の途中（見渡す限りジャガ芋畑の前で）

科学が排出した汚染物質

その荒野をエデンのようにし、その砂漠を主の園のようにする。

（イザヤ五一・三）

地球は病んでいる。地下から大気圏まで、あらゆる環境が汚染されている。それもほとんど回復できないほどに病んでいる。最初、神が創造された地球のどこにも存在しなかった合成化学物質、化学薬品と、それを造り出した結果生じた数千種類もの有毒廃棄物によってである。

それゆえ水も空気も、大地も、そして人類のいのちを日々支えている食糧さえも、汚染されている。そこで今回は、食糧生産の舞台である農地の土壌がいかに化学肥料と農薬によって汚染され、食物とその生態系を狂わせ、人間の健康に害を及ぼしているかについて述べることにする。

人類の農業生産は、歴史を通じて有機肥料（植物の腐食と動物の糞や死体）の使用のみによって続けられ、化学肥料の使用が始まって二〇〇年にならない。

一九世紀の中ごろ、ドイツの科学者ユスタフ・リービッヒが、焼いた植物を分析した結果、植物を養っているのは、窒素と燐とカリューム（今日の肥料三要素ＮＰＫ）であると断定し、人工的な無機質化学肥料を発明した。彼は、これこそ農業のための画期的な発明であって「これを使用すれば農業生産は飛躍的に増加して、世界の食糧不足は解決するであろう」と、誤って世界に発信した。

まず彼は、化学物質「硫酸」から純粋な「過燐石灰」を造った。さらに、フリップ・ハーベルが一九〇五年に、空気中に無尽蔵に存在する遊離窒素を「硫酸アンモニア」（硫安）に変える方法を発見した。

こうして爆薬、化学肥料、薬剤、さらに毒ガス（第一次世界大戦で八〇万人の犠牲者を出した）まで製造した。戦争が終ると、その毒ガスは小さな容器に詰めかえて、殺虫剤として販売を続けたのである。

その後、前言を改め、土壌を肥沃にするのは有機物であって無機化学物質ではない、という結論に達したのは、そのわずか一〇年後であった。しかし時すでに遅しで、広くヨーロッパの農民に行き渡り、化学肥料の製造と使用を止めることはできなかった。

その時には、幾つもの化学薬品会社が多額の投資をして、大規模化学肥料プラントを建設し、無尽蔵にある空気中の窒素を原料に、肥料を造る儲けの多い事業に乗り出していた。そして世界の土壌を破壊して行く、がむしゃらな競争をくい止めることはできず、今日に至っている。

第二次世界大戦が終わって、もはや爆薬用に使う必要がなくなって、たっぷりと増えた窒素は、見境もなく作物の上にぶち掛けられた。それは害虫に対する抵抗力を弱め、一層殺虫剤をかけるという悪循環が生み出された。そして、深刻な土壌と水の汚染を進めている現状である。

植物と人間の健康を脅かす現代農法

現代農法で、大量に使用されている様々な化学物質は土壌を疲弊させ、本来微生物によって土壌を肥沃にしてくれる、創造の神のたくみな循環システムを狂わせた。その結果、微生物と土中昆虫は死んでしまい、毒化した死の世界となっている。

こんな死んだ土から食糧を生産するとしても、もはや病害虫や環境に対する抵抗力、適応力を失ったひ弱な作物となってしまっている。人間で言えば始終医者にかかり、強力な薬や、抗生物質を何種類も飲み、栄養剤を補給し続けて生きている、基礎体力のない、半病人の人生のようなものである。

化学肥料を施された植物は、見た目には青々と茂っているが、ひ弱な成長でしかなく水っぽい組織は、病気にかかりやすく蛋白質やビタミンも損なわれている。収穫量は二、三倍に増えたかもしれないが、栄養面での質はどんどん低下してきた。

スーパーや、食料品店に見栄え良く並べられている野菜や果物は、東京タワーに展示してある有名人の蝋人形と同じように、生命のないものになりつつある。

私たちが口にするすべての食物、飲み水、呼吸する空気の中に、あらゆるものに産業社会が作り出した毒素が入っている。果物、野菜、穀物、魚、食肉、卵、乳製品、すべての加工食品は化学（有毒）添加物に毒されている。

今日の死に至るゼンソク、アレルギー、癌や心臓病の変性病（細菌による伝染病は解決されつつある）は、このような環境毒素が原因で、私たちの日常生活の飲食物、食品保存料（防腐剤）、殺虫剤、殺菌剤、農薬、化学肥料などが原因であることは明白な事実である。

そこで、今こそ農薬、化学肥料を一切使用しない有機栽培の農業、二〇〇〇年前（日本では六〇年前）までの伝統的な栽培に立ち帰らなければならない。

農薬はなぜ良くないのか

地のあぜみぞを水で満たし、そのうねをならし、夕立で地を柔らかにし、その成長を祝福されます。

（詩篇六五・一〇）

農薬と化学肥料に依存している日本農業

今日、日本の農業は農薬と化学肥料に依存しきって生産を続けている。ＪＡ（農業協同組合）の、種苗や農機具など農業資材販売部の農薬の陳列棚は大きく、数え切れないほどの農薬が並んでいる。その内、半分ほどはカギの掛かったケースに入っていて、本人の証明と印鑑がなければ購入できないと、注意書きがある。

私が農業をはじめて二、三年の頃まで、常駐の農業指導員に野菜や果物の病害虫の相談や指導を求めると、農薬を使用しなければ解決しない、と言われ「これがよく効く」と勧められていた。

今では、私はどんな農薬も必要がなく、多くの種類の野菜を栽培している。私は若い頃、不摂生や暴飲暴食をして肺結核にかかり、六年間も薬づけの療養生活をしていた。療養所でクリスチャンになり、薬を断って、食事や運動に気をつけ、規則正しい生活を続けた結果、すっかり健康になった。以来、薬を飲むことは全くなくなり、元気に過ごしている。

人間も、植物も同じだ。現在、日本の田畑の土壌のほとんどの土は、疲弊して活力を失い、作物もひ弱になって、病害虫に対する抵抗力を失っている。一方、自然界はバランスを失い、本来の共生システムが崩れた。以前は無害だった昆虫や、微生物が害を及ぼしたり、昔はなかった病原菌が大挙して作物を襲うようになってきた。このような混乱の原因を作ったのは人間だ。

一つの作物が、本来持っている生産能力以上に収穫を得ようとするために、人為的（科学的？）な操作、一代雑種や遺伝子組替えで、新品種を作ったり、短期間に増収を得ようとして化学肥料の多用、そして農薬の多投入をしている。同じ畑での連作（農水省による指定産地）の弊害など、数え上げればきりがない。

私が少年時代、家の農業を手伝っていた頃、農薬や化学肥料は何ひとつなかった。それでも、特に困るようなことはなく、植えた作物から十分収穫を得ていたと記憶している。

七〇年後、それを思い出して無農薬、有機野菜づくりを貫いている。それでも、病気にかかる作物はほとんどない。

　害虫がやってきて、はじめはひどく虫にやられているが、じっとがまんしていると天敵が現れて、退治してくれる。又、少しぐらい虫に喰われても、植物のほうが優勢なので、再生して最後には虫に勝って、ちゃんと収穫できる。

　しかし人は、なぜ農薬を使うのだろう。田圃や畑の病原菌や害虫を殺して、農作物を守るためだ。確かに殺虫剤をかければ、虫は死んでしまう。だが、死んでいるのは害虫ばかりではないのだ。トビ虫やはさみ虫、ダンゴ虫など何の罪もない虫たち、いやむしろ土を肥やしたり、害虫を食べる天敵もすべて死んでしまうとは、……。

　ある町に、他人の財産を盗む泥棒が出没して、町民が困っていた。この泥棒を手早くやっつけ捕えるために、強力な爆弾を町全体に落とし、住民全員を殺すことにした。これは無差別大量殺人であって、泥棒よりはるかに悪いことだ。人間は虫の世界で、これと同じことをしているのではないだろうか。

　こうして理不尽な方法で、畑の隅々まで殺虫剤撒布をし、やれやれこれで安心と胸をなでおろしている。ところが、全滅した同種の虫が、以前より強い虫となって復活し、より大きな被害を加えるようになるのだ。

なぜかといえば、虫も人間と同じで、化学物質に弱いものと強いものがいる。薬に対して強い耐性を持つ少数の虫は、農薬の毒にさらされても生き残り、より強い抵抗性を持ったグループが繁殖して、彼らの独壇場になってしまうのだ。

そこで農家は、より強い毒性の殺虫剤で攻撃する。このように、病害虫と農薬のいたちごっこにはまり、土壌は農薬汚染ばかりが進み、化学物質に弱い土中昆虫や微生物は死滅してしまう。そのため土は活力を失って、もはや健康でたくましく豊かな稔りをもたらす作物は育たなくなって行くのだ。

しかし、何んとしても収穫を得るためには、化学肥料に頼るしかない。この方向に進み続ける現代農法は、ついに土壌は壊滅的に破壊され、回復するには長い年月がかかるようになる。世界一の農業国アメリカの大規模農地では、この現象が進行しており、国をあげての反省と有機農法への回帰が叫ばれ研究が進んでいるのだ。

植物の「野性の力」を育てよう

世界の農業先進国には、農学の中に「作物学」という分野があって、農作物の生育を専門とする学者が、研究を競っている。しかしその方向は、各種の作物をいかに改良して、多くの収穫を得るかということのみに重点が置かれている。

その結果、本来どの植物も持っている「野生の力」である、病原菌に対する免疫力や、虫を寄せ付けない「臭いや苦味」など植物の体内から分泌して、自らを守る能力を失わせて無防備となり、病害虫にきわめて弱い植物になって、自力では生きられなくなっている。多収穫を得るために、人間があまりにも手を加え、過保護になって、本来植物が持っている自衛能力を失わせている。そして、手厚い保護なしには、栽培植物は生きて行けなくなり、絶滅しかねないものが数多くあると心配されている。これは農業の進歩というより、退化というほかない。

もう一度原点に立ち返り、農薬と化学肥料に依存しない農法に一八〇度転換すべき時ではないか。聖書のはじめに描かれている「エデンの園」の農業の姿に、立ち返らなければならないと思う。

農薬は農毒である

農薬と呼ばれるものには、殺虫剤、殺菌剤、殺線虫剤、殺鼠剤、除草剤、成長速進（ホルモン）剤などがある。「殺」という文字からわかるように、農薬はすべて自然界には本来存在しない有毒な化学物質なのだ。

　一方除草剤やホルモン剤には、「殺」という文字がないから安全である、ということはありえない。除草剤の中には、殺虫剤より毒性の強いものもある。農薬というより、農毒剤と言う方が真実を表している。

　しかし農薬メーカーは、自分達が作った農薬の宣伝文句に「これは毒だ」とは決して言わない。農家の人の中には「農薬は良い薬」で、作物を病気や害虫から守り、沢山収穫するためになくてはならないものだ、と思っている人が多いのだ。

　農家では、農薬散布を消毒と言うが、実際は見境もなく毒をばらまいているのだ。そういう人は、農薬撒布の作業に対する安全意識に欠け、被害をより深刻なものにしている。まっ先に農薬の被害をこうむるのは農家の人、次に製造従業員、そして消費者の順だ。

　ベトナム戦争の時、米軍が強力な枯葉剤（除草剤）を、ベトナム熱帯ジャングルへ空から大量に撒いた。この作戦は、深い森の樹をすべて枯らし、ジャングルに隠している武器や兵士を見つけ、爆撃するためだ。その被害を受けたのは、兵士だけではない。女性や子供、ことに妊婦はお腹の胎児に影響を与え、早期死産、奇形児が沢山生まれた。

勿論、森を形成している大樹林も裸になり、そこに住む獣から、土の中の微生物に至るまで、すべて殺されたのだ。この恐るべき行為は、どこでも行われている農薬撒布と、程度の差はあっても、同一線上にあることを忘れてはならない。

もともと農薬は、はじめ毒ガス兵器として、化学肥料は爆発物（ダイナマイト）の原料である。窒素と硝酸を化学合成するために開発されたものだ。この二つは、近代戦争の大量殺人兵器の平和利用なのだ。

しかも兵器なら戦場という場所と時を限定しているが、農薬と化学肥料は世界中の田畑のある所、年間を通じて撒かれ続け、終わることがない。

農薬、化学肥料の五つの問題点

① 人間の体内に入り込む毒性。

急性中毒症状（中国、冷凍ギョウザの例）と、少しづつ体内に蓄積して、慢性毒性による癌・アレルギー・ゼンソク・膠原病《こうげんびょう》の引き金となる。

② 作物への過保護による軟弱化・栄養価の減少。

病害虫と戦う抵抗力が減少し、自然の変化に対応できない虚弱な植物となり、本来の栄養価を失った、外見だけの収穫物。

③　病害虫の農薬に対する耐性。
病害虫が農薬の毒性に強くなり、抵抗力を持つ病害虫の急増。

④　水・土壌・空気などの環境汚染。
残留農薬が積み重なって生態系に悪影響を及ぼす、環境ホルモンと化す。

⑤　土壌の死。
有益な土中生物、土中昆虫が死滅して、土の中の有機物が分解できなくなり、植物を育てる力を失う。

農薬の人体への悪影響

まず第一に農薬は人間に害を及ぼすということだ。まっ先に農薬を撒布する生産者が、危険にさらされる。農薬の体内吸収量は、撒布された作物を食べる人より撒布する人の方が、けた違いに多いのだ。体内に入る経路として最も危険なのは、呼吸器と皮膚だ。

農薬の毒が肺や、手、顔などから直接血管に入り（食物の場合、肝臓という解毒器官で体外に排出）全身を巡って急性中毒を起こす。農作業を終えて体がだるかったり、夜の晩酌で悪酔いしたり、ひどい場合急性肝炎をおこしてしまう。撒布する時、防護マスクやメガネ、服装などの防備が不十分な上に、強風や風下での撒布や安易な取り扱い、長時間作業による疲労に加えて大量に浴びて、農薬まみれになっていることさえある。

私と親しかった農業の先輩が数年前、肺癌で亡くなった。彼は、農協が指導する通りに、農薬と化学肥料による栽培を続けてきた。彼に、癌の症状が出て入院した病院に、私は度々見舞いに行った。だが病気が進んで、回復の見込みもなくなったある日、彼は「防護マスクも手袋もせず、農薬を扱って大量にあびていた」と、涙を流して後悔したのだった。

戦後、食と農がたどった道

自分の畑を耕す者は食糧に飽き足り、むなしいものを追い求める者は思慮に欠ける。

（箴言一二・一一）

都市住民はタケノコ生活

昭和二〇年八月、戦争が終わった時、政府が保有していた米は八九万トンだったという。

米はもとより、魚、野菜、味噌その他あらゆる食品は厳しく統制され、庶民は自由に買えず、配給制が敷かれていた。一人当りの量が少ない上にしばしば遅配となり、生きて行くには到底足りない状況であった。

当時、東京の人口は四〇〇万人、そこへ戦地から兵士たちがどっと帰ってきた。この人々をどう食べさせて行くか、たった八九万トンの米では、東京の住民だけでも三日分しかなく、一〇〇〇万人の餓死者が出ると心配された。日本の大部分の都市は、空爆によって破壊し尽くされ、すべての生産活動はストップしてしまった。だが、農村は戦災に遭わなかったので、どうにか生産を続けることができた。

都市の人々はリュックサックを背負って、米や野菜を求めて田舎に押し寄せ、地方に向かう列車は買い出しの乗客でいつも満員だった。政府が農家から買い入れる米価は、倍々と引上げていったが、ヤミ米は配給米の二〇倍にハネ上っていたので、農家はヤミルートに流すほうがはるかに有利であった。

ヤミ米を買うお金のない人びとは、晴れ着や、時計、宝石、カメラなど物々交換で、米、麦、さつま芋、かぼちゃを手に入れて喰いつないだ。二度と買えない家の大事な品物を持ち出し、農家に頼みこんで、何でもいいから食べ物と交換する。タケノコの皮を一枚づつ剥いでいくようで「タケノコ生活」と呼んだ。

都市から田舎に持ちこまれるいろいろな物がだぶつくようになり、なけなしの貴重品を差し出しても「いらねー」「お前たちに売るコメはない！」と追い返された。腹を空かせて待っている家族のために、手ぶらで帰ることはできない。昼間目をつけておいた野菜畑から、夜陰に乗じて、盗む者も少なからずいた。

初対面の田舎の人から、大根一本分けてもらうのも大変で、その悔しさが、都会人の心に刻みこまれた。しかも買い出し先はさらに、長距離列車に乗って行かなければならなかった。時々都市に向かう列車が、途中止められて取締官の容赦のない臨検に会い、ひと列車の買い出しが丸ごと取り上げられてしまうことも、しばしば起こった。

取締る警察官も、家族のためにヤミ米や買い出しに行かないと生きて行けない時代であった。

食糧増産計画は徹底した農地改革で成功

都市では「米よこせデモ」が頻発していた。政府は、食糧危機が暴動に発展する危険を回避するためには、何としても食糧を増産しなければならなかった。しかし江戸時代から、大地主による農地の独占が進んでいて、増産の足かせになっていた。

小作農家は、生産物の半分を小作料として取り上げられていたので、生産意欲は低かったのである。そこでGHQ（連合国軍最高総司令部）の強権発動によって、地主の田畑五町歩を上限に残し、後はすべて小作農家に破格の安値で払い下げを断行した。

これは世界でも、類を見ないほど徹底した農地改革で、二年間という短期間で成就することができ、日本の農家はすべて土地持ちの自作農となった。平時ではとうてい不可能なことであったが、敗戦国の弱身から、大地主もこの命令に従わざるを得なかったのである。

これによって生産意欲は大いに刺激され、予想以上に収量が上がるようになり、政府の食糧増産計画は達成された。米価もヤミ値と格差が縮って、いつしか不正なヤミ米商売は消えていった。

アメリカの援助と指導による学校給食の功罪

この時期、忘れてはならないのが、アメリカの援助と指導による学校給食を開始したことである。食糧事情をはじめ、暗いニュースばかり氾濫した時代に、学校給食は成長期に空腹をかかえ、栄養不足に苦しむ子供たちを救う明るいニュースであった。

昭和二一年、特に深刻な栄養不足の大都市で試験的に始められた学校給食は、昭和二二年一月から全国の小学校で一斉に行われるようになった。はじめは副食だけであったが、二五年からアメリカから送られてくる小麦と脱脂粉乳によるパンとミルクが毎日与えられ、子供たちの健康と体位向上に寄与した。

しかし、子供に外国の食生活を持ち込むことは、良いことばかりではない。戦後の貧しさの中で初めて口にした西欧の味は、その後生涯の食生活に決定的な影響を与えてしまう。洋風の学校給食は、日本人の食習慣に驚くほどの変化をもたらす結果となった。

以来、日本に上陸したアメリカの「マクドナルド・ハンバーガー」をはじめ、ファーストフードは爆発的な人気で迎えられ、日本中で繁栄を誇っている。

二〇世紀に起こった二つの大戦で、世界中の農業が大打撃を受けたなかで、唯一アメリカ農業だけは何の被害も受けなかった。そのためアメリカでは農産物が余って、国も民間も倉庫は一杯となり、行き場のない穀物であふれていた。そこでアメリカは、不足に陥っている世界中の国々に食糧援助という名目で余剰農産物を売りつけた。

日本はアメリカの善意を過大に信じ、この援助に無条件で飛びついた。はじめは無償であったが、すぐに有償となり、食糧輸入のルートが敷かれてしまった。この時以来、アメリカは食糧が外国を政治的にも支配できる戦略物資となることを悟った。それゆえ食糧を通じて、世界を動かそうとしていることを知るべきだ。

日本はアメリカの言いなりとなり、余剰農作物の永続的な捌口《はけぐち》となって、最大の輸入国になり、今日に至っている。こうして日本農業は弱体化し、日本の食は外国に依存する体質が出来上がってしまったのである。

日本で作られていた大豆、菜種《なたね》、麦はほとんど国内から姿を消し、輸入に頼って国民の台所をしのいでいる。パン給食に始まり、その後の世代は、米飯食が減るばかりだ。日本の主食であるコメを押しのけて、今後小麦が主食の座に迫ろうとしている方向へ進んでいることは、日本農業の根幹を揺るがすことである。

工業優先政策へ傾く政府と財界

終戦と同時に日本の軍隊は解散させられ、すべての武器は廃棄させ、軍事政府と結びついていた財閥は解体された。しかし一九五〇年、南北朝鮮戦争が起こると、アメリカは戦場に近い日本からの物資の調達が必要となり、日本にとって工業立てなおしの千載一遇のチャンスが訪れた。

戦争特需に応じるため、財閥解体の方針を転換し、日本は工業優先の政策へ傾いていった。必要な労働力は、農村の若い人々、ことに中学・高校卒業生を大量に求め、集団就職専用の列車が日本の隅々から大都市に向けて走った。

「のど元過ぎれば、熱さ忘れる」ことわざの通り、政府は農業の重要性を忘れ、農家の次、三男ばかりか、長男まで工業界は奪った。それでも足りずに、農家の中高年まで農繁期以外出稼ぎの季節労働者として、農業の人材すべてを工場へ持って行った。ついに三ちゃん農業「じいちゃん、ばあちゃん、かあちゃん」による農業となり、農業生産は手薄となってしまった。

日本の経済成長は、ひたすら追い求め、後にバブル経済と言われた、高度成長期を迎えていく。国民総生産はアメリカに続いて第二位を誇ったが、その足元の食糧自給率は下落の坂をころげ落ちて三九パーセント、穀物に至っては二七パーセントまで下がってしまった。

三〇年程前、あれ程の食糧難の体験は忘れられ、見せかけの経済発展もどん底となり、農業も崩壊の危機にある。その付けはここ十数年のうちに、世界的規模でやってくるであろうと言われている。食糧危機に対して、日本はもはや対応するエネルギーも方法もなく、援助を申し出る国などひとつもないであろう。

外国の食糧をあてにし、農業が無力になった国は、危機が訪れるともろくも消え去った世界中の歴史で学び、今こそ日本農業の再興を急がなければならない。それを妨げているものは、一体何であろう。

万物創造の神から託された農業

農業軽視の根底に「万物創造の神への不信」がある。なぜ日本人は農業を卑しみ、低く見る精神構造なのだろうか。農業従事者を「田舎物」「百姓」「農業しか能がない」と言う。都会で過ごしていた人が農村に移ると、「彼は敗北した」と軽蔑する。「発展」とは、土からできるだけ遠ざかり、人工的な環境、メカニズムを作り出すことが、最大の価値であるとする。その頂点が、人工衛星であり、実験用宇宙ステーションを完成させた、宇宙飛行士の若田光一さんを英雄視し、子どもたちを「彼に続け」と、足元の土には目もくれない。

その根底にあるものは、日本の「マスコミ・出版・科学界」それぞれが無神論、進化論思想、そして科学万能の価値観であり、万物創生神に対する敬虔な信仰の欠落がある。何よりも次代を担う子供の教育界が科学を礼讃し、無神論と両論の進化論が真理であると教えこんでいることにある。

土という地球にしかない貴重な資源、すべての生命を生み育てる活動のエネルギーは、土からのみ得ることができるのだ。この土は、人間が造ったものではない。その創造者を信じ感謝するとき、農業は光を放ち、あなたの庭は「エデンの園」によみがえって行くのである。

遺伝子工学の農業分野への応用

神は仰せられた。「地が植物、すなわち種を生じる草やその中に種がある実を結ぶ果樹を、種類にしたがって、地の上に芽ばえさせよ。」そのようになった。

（創世記一・一一）

遺伝子の発見と解明

すべての生きもののからだは、独立した最小単位の「細胞」が集合して成り立っている。

その細胞の一つひとつの核の部分に遺伝子・DNAという設計図がある。そこに個有の情報が暗号で書き込まれていることは、すでに周知のことだ。二〇世紀の半ばに始まった遺伝子・DNAの発見と解明は、生命科学に於ける最大の発見だ。

今日、遺伝子工学は大きな発展をとげ、医療、農業、畜産業などに広く応用されている。一九五三年、アメリカの生物科学者ワトソンとクリック両博士の発見がその基礎となっている。

この遺伝子・DNAの構造は、二重のラセンでつながっている「染色体・ゲノム」の帯で、デオキシリオ核酸という糖でできている。この染色体は、生命体によって数は異なるが、人間の場合は三万個だ。この染色体の一つひとつが、顔の各部の形や目の色、髪の質など、植物では茎や葉、根、花、種などあらゆる特徴を作りあげていく元になる設計図なのだ。

そして染色体は動物、植物、微生物の種を越えて、同じ構造と性質を持っている。世界中の生物化学者が協力して、染色体の解読を進め、必要としているおもな生物の染色体の解読が終わった。解読されたそれぞれの生物の遺伝子地図は記録され、そのファイルは国際機関が管理して、世界共通の財産になっていて、必要な資料は誰でも活用することができる。

これによって、作物に種を越えた有用な染色体を組換える遺伝子組換え作物の開発競争が激しくなった。そして世界中で、今までになかった医薬や、作物の品種改良が進んでいる。

一九七三年、世界最初の遺伝子組換え大腸菌が誕生した。六年後には、これによって血糖降下剤「インシュリン」、免疫賦活剤「インターフェロン」「成長ホルモン」などの医薬品を開発、実用化されている。このように遺伝子工学は、医学、科学、畜産、法律（鑑定）などが、一歩先んじて実用化が進んだ。

人間が、直接食糧とする農作物は、一九九四年に、カリフォルニアのバイオテクノロジー会社である「カルジー社」によって、初めて遺伝子組換え作物として完成したトマトが、アメリカ市場に流通する許可を得ている。

日本には一九九六年、アメリカから組換えの大豆、トーモロコシが初めて輸入され、賛成、反対の議論が起こった。二〇〇〇年から法律によって、遺伝子組換え作物であることを表示しなければ、輸入流通できないことになっている。しかし、菓子や調味料などの製品輸入は組換え表示の義務はなく、私たちは知らないうちに組換え食品を口にしていると思われる。

農作物への応用と目的

①　除草剤耐性作物。

除草剤農薬をかけても、枯れない雑草の遺伝子を組換えて、除草剤耐性作物を作る（トーモロコシ・大豆・カブ・ナタネ・綿）。

②　害虫抵抗作物。

害虫を殺す毒を持つ微生物の遺伝子を組換えて、害虫に喰われない、殺虫剤不要の作物（大豆・カブ・ナタネ・綿）。

③　生育環境耐性作物。

マングローブの塩分耐性遺伝子を利用して、海岸や塩類化土壌でも育成できる稲、小麦が、パキスタン、中東、南アフリカで実用化されている。

④　収穫量増加作物。

トーモロコシ・さとうきびは光合成能力が高く、成長力が旺盛。この遺伝子を稲に導入してアメリカ、中国で栽培する稲の収穫量は従来種の数倍となっている。

⑤　品質向上作物。

途上国では慢性的な食糧不足から、ビタミンや鉄不足による貧血者が多い。そこで従来の米にはほとんどない米の中に鉄分を含有させ、一杯のご飯で一日の鉄分が補える。また人参のような色をしたビタミンAを、多量に含んだゴールデンライスが開発された。

⑥　加工特製、貯蔵期間延長作物。

果物、野菜の余分な水分を減らし、酸素の働きを押さえて、型くずれや腐敗などの劣化を遅らせ、四〇日自然に放置しても変化しない、日持ちのよい作物を完成（トマト・メロン・パイナップル・バナナ・チェリー）。

これらはほんの一例で、すでに数多くの組換え作物は、世界中に流通している。その他、病気を治すこれまでの化学合成薬品から、低コレステロール食品、癌予防食品、ワクチン生産能力を持った食べるワクチン等、医薬効果のある作物の研究が進められている。中国で四〇〇〇年の歴史をもつ「医食同源」の現代版と言えるだろう。

食物ではないが、ホタルの発光遺伝子をバラの花に組込んで、夜の暗闇に光るバラの花、また今までになかった色を持つ様々な種類の花など、花卉園芸では、組換え技術によって、新しい品種が次々に生まれている。

直面する食糧危機を解決する道

現在地球上では、毎年メキシコの総人口に相当する増加率で、二〇五〇年には世界人口は最大一〇〇億人を突破すると予想されている。本来人口増加に比例して、より多くの食糧生産地が必要となるが、現実には、人間のあらゆる活動のために必要な土地が増し、農地は減少していく。

人口増加は住宅、商工業、道路、その他の公共用地として農地は潰されている。日本のどこでも見られるように、都市の拡大は優良な近郊農地が市街や工場に、年々飲み込まれて行っている通りだ。さらに現在利用している農地の劣化は、アメリカで二〇パーセント、アフリカ大陸では九〇パーセント、全世界の平均で、五〇パーセントに達している。

土壌劣化の諸原因

① 農薬や化学肥料による土壌活力低下――収穫量の減少。

② 大規模連作による貧栄養化、病害虫多発――化学肥料効果減退。

③　水不足による半乾燥化、土壌流失、塩類化――耕作不適地。
④　温暖化による砂漠化、不毛化――耕作放棄。

これらの改善が困難な悪条件によって、食糧は減産になることはあっても、増産はむずかしいのが現実だ。なぜなら開拓可能な優良地は、地球上にほとんど残っていないからだ。唯一、遺伝子組換え技術の利用によってのみ、様々な悪条件を克服し、増大する世界人口を養って行ける手段なのだ。遺伝子組換え技術は、まだ始まったばかりで、今後無限の可能性を秘めた、二一世紀の革命的農業技術と言ってよいだろう。

事実、組換え先進国である、アメリカ、ブラジル、アルゼンチン、中国、インドでは、収穫量は増加に転じ、農家の収入は二、三倍に上がり、農薬の使用量は減少している。

遺伝子組換えは、創造の神への挑戦

遺伝子組換えの現状報告を、これまでしてきたが、私はこれを手放しで受け入れ、称賛しているのではない。クリスチャンである私は、地球上のすべての生命は天地創造の神のみ手によって造られたと信じている。

遺伝子組換え技術は、生命の基本である「染色体・ゲノム」の構造と機能が植物、動物、微生物とも共通であるとは言え、人間が勝手につなぎ合せたものだ。これは、神の領域を越えている。神が造られた自然環境の絶妙なバランスを、これ迄以上にかく乱し、破滅し、取り返しのつかない滅亡への道を、進んでいるのではないかと危惧するのである。

何より我が「エデンの園」有機野菜栽培研究会は無農薬、無化学肥料を提唱する立場から、遺伝子組換え作物には賛同できない。なぜならこれは、組換え種子と農薬、化学肥料はセットになっているからだ。

遺伝子組換え作物の危険性

あなたは、こうして地の下ごしらえをし彼らの穀物を作ってください。

（詩篇六五・九）

大豆はアジアの重要農産物だった

大豆はもともと中国が原産地であり、四〇〇〇年の栽培歴史を持っている。日本での栽培歴史も古く二〇〇〇年に達する。大豆は稲作と同時に栽培が始まり、改良が重ねられてきたアジアの特産品であった。肉食の習慣がなかったアジアでは、大豆を貴重な蛋白源として、多様な加工食品に発達させ、中心的食材として欠かせない存在である。

ことに日本の食生活には、豆腐、味噌。醤油をはじめ、煮豆、納豆、いり豆、きな粉《こ》など、日本料理、菓子類には無くてはならない食材なのだ。

世界で、大豆の消費量が最も多いのは中国だが、最近までは一〇〇パーセント自国の生産でまかなわれ、余剰分は日本へ輸出していた。日本の大豆需要は、一九六〇年頃までは大部分自給していた。私の少年時代、家で食べる分は我が家の畑で毎年作っていた記憶がある。

しかし、アメリカから価格の安い大豆が、無制限に輸入されるようになって太刀打ちできず、ほとんどの農家は栽培をやめてしまった。わずか青いうちに食べる枝豆と、高級黒大豆が残っている。現在日本の大豆自給率は三パーセントだ。九七パーセントは、おもに米国からの輸入に頼っている(最近になって、稲の作付制限のため、休耕田での栽培が少しずつ復活してきている)。

味噌、醤油、豆腐の製造には「我が社は、国産大豆一〇〇パーセント使用」と宣伝しているものがあるが、その真偽は怪しいものが多い。

やがて、中国が市場経済を導入したことによって、国民全体の経済が好転し、食の高級化が進んで、食肉の需要が急速に増してきた。大豆は家畜の濃厚飼料として有用性から、家畜に回されて、中国内産では需要がまかなえず、不足分を海外に求めるようになった。

これに目をつけたアメリカ農業が、輸出農産物として大量に生産を始めた。現今、大豆の最大生産地は、アメリカ、ブラジル、アルゼンチンと南北アメリカに移ってしまった。

急速に進む大豆の遺伝子組換え品種

実は、アメリカが小麦、トーモロコシに続いて大豆も、世界支配するために、生産から販売まで市場独占をもくろんでいる。本国はもとより、ブラジル、アルゼンチンの広大な森を切り開いて、農民に大豆を作らせ、穀物メジャーが全量買い取って、価格を操作し、世界に輸出しているのである。

アメリカが指導する栽培法は、「大型機械による省力粗放農法」「化学肥料、農薬多投入」で、毎年同じ土地に作付けする「連作」であって、数年のうちに地力を消耗し、連作障害が起こって収穫量は落ちてしまう。そこへ米国種子会社「サンモント社」が開発した遺伝子組換えの除草剤耐性、害虫耐性の大豆が持ち込まれた。

大豆生産は北米で八〇年、ブラジル、アルゼンチンは二〇年に満たない。これらの国は大豆を飼料用と、油脂用としてのみ利用していた。そのため、遺伝子組換え品種に移行するのに問題意識はなく、より多くの収益を求めて移行していった。今では、南北アメリカで作付けされている大豆の、ほぼ一〇〇パーセントが遺伝子組換え品種となっている。

性質別に見ると、除草剤耐性大豆が六三七〇万ヘクタールで七一パーセントだ。殺虫性大豆が一六二〇万ヘクタールで、一八パーセントになっている。残りは、両方を組換えたものである。遺伝子組換え種子による作付けは、最初二、三年は増収となるが、その後収穫は減少に転じた。

雑草のほうが、除草剤に対する耐性力が強くなり、より多くの農薬を散布しなければならないなど、様々な矛盾が生じている。

遺伝子組換え作物の問題点

当初、遺伝子組換え作物は「使用農薬が減少する」との、うたい文句であった。確かに最初の三年間は減少をもたらしたが、その後増え続けた。二〇〇一年には、非遺伝子組換えより五パーセント、二〇〇二年には七・九パーセント、二〇〇三年には一一・五パーセントも、より多くの除草剤が使われるようになった。

その理由は、雑草のほうが除草剤より強くなり、より強力なものを大量に使用しなければならなくなってしまった。その結果、ラウドアップ除草剤（サンモント社製、遺伝子組換え専用）の使用や、散布回数が増え続けているのだ。遺伝子組換え大豆の作付けが進んだアルゼンチンでは、収穫が減少し、農薬の使用ばかりが増えて、農家の経営が圧迫され、環境への影響が深刻化している。

二〇〇〇年に、家畜飼料用として栽培許可されたが、人間の食品としては許可されていない殺虫性トーモロコシ（商品名・スターリンク）を、食べた人に、アレルギー症が発症したという報告もある。

この作物は、抗生物質耐性の遺伝子として、ヨーロッパでは健康への強い影響が懸念されている。今後、耐性菌の拡大が心配される。又、食品や飼料としての安全性も未確認である。ところで、遺伝子組換え作物の花粉が飛散して、通常の作物や雑草の雌しべに受粉して、遺伝子組換え植物に汚染されてしまうことを「交雑」という。輸入された、しかも「遺伝子組換えではない、トーモロコシ」として扱われて、日本の輸入港で食用や飼料用の一五体を検査したところ一〇体から殺虫性トーモロコシが発見された。

これはアメリカ産のトーモロコシ、大豆、ナタネに遺伝子汚染が広がっている何よりの証拠である。組換え遺伝子が自然界に侵入しはじめると、もはや止めることはできない。どんどん近種の植物に、花粉を通して伝染し、自然界全体が組換え植物に移行して行くほかなく、アメリカはすでに後戻りできないのが実情である。もはや遺伝子汚染は、際限なく広がりを見せはじめている。日本でもその実態が、徐々に明らかになってきた。

二〇〇五年、日本全国の市民の手によって、全国二八箇所で遺伝子組換えの自生調査をしたところ、第一次検査の一一七検体で、第二次検査で一四検体から汚染が確定された。今後アブラナ科植物への汚染の進行が、拡大して行くほかないと思われる。

今、カナダから入って来るナタネの大半が遺伝子組換えであり、輸入港の倉庫に入れられ、トラックに積まれ、製油工場へと運ばれて行く。

その移動作業の度ごとに、種子はこぼれ落ちて、至る所に自生し、もはや止めることはできない。その後、各地の市民団体が調査したところ、四日市港、名古屋港、神戸港、清水港、博多港で、遺伝子組換えナタネの自生を確認した。予想以上に、全国的に汚染が拡大していることが分かった。

全国の河川の堤防や空き地に、繁茂している西洋カラシナが組換え遺伝子汚染源となっている。そのために大根、白菜、カブ、キャベツ、ブロッコリー、その他アブラナ科の作物が組換えに覆いつくされていく危険性があるということだ。私たちは、今や知らないうちに組換え野菜や、穀物ばかり摂取している、ということは十分考えられる。

食品としての安全性の疑問

スコットランドの病理学者スタンレー・エーウインは、遺伝子組換え食品には発癌性があり、肺癌や大腸癌のリスクを高めると警告している。遺伝子組換え作物を栽培した土壌から、浸透した地下水に組換え物質が含まれ、その水を飲むことによって、他の原因で発病した癌も、悪化させる危険性があることを指摘している。

岐阜大学医学部講師の中里博泰歯科医は、年間一二〇〇人の学童の歯を検診しているが、その結果、最近になって永久歯が足りない子どもが急増しているという。その原因が、除草剤耐性の遺伝子組換え作物に撒布する除草剤・ラウドアップが原因だ、と歯科学会に報告した。

同氏によると、三年ほど前から永久歯が一〜二本足りない子どもが、年間八五人（七パーセント）もあり、従来の先天性欠損症の〇・一パーセントを大きく上回っている。除草剤・ラウドアップは遺伝子組換え作物の増大とともに、その残留基準が緩和された。結果として、危険な農薬が植物中に含まれて、体内に蓄積する量が増加しているという。

オーストラリアで栽培されている、耐虫性遺伝子組換えエンドウ豆は、象虫に対する抵抗性タンパク質遺伝子を導入している。このタンパク質は、象虫を殺す作用があり、人間が摂取するとアレルギーを起こすアレルゲンとなる。フィリピンのミンダナオ島で、遺伝子組換えトーモロコシを栽培している農場付近で、発熱や呼吸器疾患、皮膚障害などで苦しみはじめた。

最初は感染症かと疑われたが、村から出て行くとその症状は回復する。その調査をした結果、遺伝子組換えトーモロコシの花粉に対して、敏感な原住民にアレルギーを引き起こしたものであることが分かった。

近い将来、遺伝子組換え食品に含まれる毒素が体内許容量を越えて蓄積し、治療不可能な病気が、世界中で発生するかも知れないと、一部の科学者は警告している。

遺伝子組換えは世界各地特有の農産物を滅ぼす

動物も植物も、その生命が、次の世代に受け継がれなければ、その種は永久に消え去ってしまう。一度途絶えた生命は、再び甦らせることはできない。

世界各地には、その地域独特の農作物があり、毎年栽培して大切に種を守り続けてきた。そこへ遺伝子組換え種子を持ち込んで、在来の作物の栽培をやめるということは、特有の作物を絶滅させてしまう方向に向かっていることになる。

遺伝子組換え種子を、世界にばらまくことは、植物の多様性を否定し、世界中がアメリカの品種のみになってしまうことを意味している。しかもすべての植物が組換え遺伝子に汚染されてしまうことは、自然界の生命を根底から混乱に陥し入れることになる。

農業分野は、従来の慣行農業、有機農業が行われてきた。遺伝子組換え花粉によって、すべての作物が汚染されると、この二つの農法は終わってしまうほかない。神が創造して、人類に与えてくださった豊潤で調和の取れた自然「植物界」を、破壊してしまう。

科学万能主義に警告を発し、何としても阻止しなければならない。自然界にありえない余計なものを、つけ加えた遺伝子組換え作物をつくり出すことは、アダムとエバが「食べるによい」と思って食べた、エデンの園の誤りを再び繰返しているのではないか。

「神である主は、その土地から、見るからに好ましく食べるのに良いすべての木を生えさせた。園の中央には、いのちの木、それから善悪の知識の木を生えさせた。……しかし、

善悪の知識の木からは取って食べてはならない。それを取って食べるとき、あなたは必ず死ぬ。」(創世記二・九、一七)

「そこで女が見ると、その木は、まことに食べるのに良く、目に慕わしく、賢くするというその木はいかにも好ましかった。それで女はその実を取って食べ、いっしょにいた夫にも与えたので、夫も食べた。このようにして、ふたりの目は開かれ、それで彼らは自分たちが裸であることを知った。」(創世記三・六―七)

行き詰まっている現代農法

その木は生長して強くなり、その高さは天に届いて、地の果てのどこからもそれが見えた。葉は美しく、実も豊かで、それにはすべてのものの食糧があった。その下では野の獣がいこい、その枝には空の鳥が住み、すべての肉なるものはそれによって養われた。

(ダニエル四・一一―一二)

現代農法の幕開け

昨年の夏、私は北海道を八日間の旅行をしてきた。主な目的は聖書講演だが、農業を実践している私には、北海道のスケールの大きい農地、栽培されている作物や、雄大な自然環境に関心が向いて、生涯忘れられない有意義な旅となった。

旅の終わりに、招待してくださった斉藤政幸先生のご案内で、函館市郊外にある「北海道開拓博物館」と「男爵資料館（北海道で品種改良された、じゃが芋研究の資料）」を見学した。原野を、豊かな農地に変えて行った指導者たちの足跡や、当時使用されていたいろいろな農機具を見ながら、開拓民の情熱と労苦の歴史を忍んだ。

開拓にあたって明治政府は、本土の規模の小さい伝統農業を持ち込むのではなく、産業革命後の西欧の進んだ近代農法を取り入れるべく、アメリカ、イギリスの農業技術者を招いて指導を仰いだ。展示されている西欧から輸入した農機具は、百数十年前のものとは思えないぐらい良く手入れされている。

「旧式ですが、今でも使用できます」と言う、館長の説明を聞いた。それらは私の少年の頃、岡山の田舎で使用していた農機具より大型だった。それでも、まだガソリンエンジンによるトラクターでなく、馬に引かせる戦前の日本製と通じるもので、「これなら私でも使えるな」と思ったのが、率直な感想だった。

二〇世紀前半、世界中を巻き込んだ二つの戦争が終わって、それぞれの国や民族は食糧生産に総力を向けることができるようになった。先進国の農業は小規模家族農業から、大規模農業へと大きく変化して行った。当然、大型動力機械を導入し、化学肥料、除草剤、農薬に依存した「省力粗放農業」だ。

その急激な変化を可能にしたのは、戦争遂行のために爆弾と毒ガスを大量に製造する工場があったからだ。大戦が終わって不要となった火薬工場は、化学肥料の製造に、プラントを少し改造するだけで稼動することができた。

毒ガス工場は、そのまま除草剤・農薬メーカーに看板を掛けかえただけだ。だから化学肥料・農薬は、殺人を目的とした武器の平和利用であることを、決して忘れてはならない。

現代農法全盛時代

一九五〇年から一九八〇年代にかけて、世界各地の手つかずだった肥沃な土地や森林を開拓したので農地は拡大した。開拓したばかりの処女地は、化学肥料の効き目が驚くばかりで、穀物生産は三、四年間で実に二倍になった。今後の食糧供給は、永遠に保証されると、農家も、化学肥料・農薬メーカーも楽観して、世界中に宣伝し、販売し続けた。しかし五〇年続けた今、土壌は死滅し、いくら投入しても収穫は減少するばかりだ。

さらに、バイオテクノロジーの進歩は、本来地球上に存在しない生命変造技術——遺伝子組換え植物によって、食糧は増産できると楽観的に考えている人たちが多いのだ。

確かに最初の二、三年は目に見えて収量がふえた。しかし一九八四年以降の伸びは鈍り、一九九〇年からは減少に転じている。

一九五〇年に、世界全体で使用された化学肥料は、一四〇〇万トン。そして四〇年後の一九八九年には、一〇倍以上の一億四六〇〇万トンという。これほど使用しているのに農作物全体で現在はむしろ減少傾向にある。現代農法に限界を感じて、有機農法に切り換えて行く、心ある農家が増えているのだ。今や農業界は、その両方がせめぎ合っている。

化学肥料の直接の害

化学肥料がなぜいけないのかと言うと、まず第一に作物が吸収した窒素を栄養物として取り入れ、葉や果実を形成するだけでなく、硝酸態窒素という化学物質（火薬に似た分子構造）のまま過剰に含まれてしまうからだ。もちろん、硝酸態窒素は植物にとって、ことに成長期には適量である限り、なくてはならない大切な栄養素だ。

有機栽培法では、化学肥料にたよらず土壌中の微生物が、畑に投入された有機物（堆肥など）を窒素に分解して、少量ずつ植物の根の近くに提供してくれる。それを飛び越えて、化学肥料として与えると、非常に吸収されやすいため、植物は必要以上に取り込み、過剰に蓄えられるのだ。

こうした野菜を常食していると、人体にとって栄養とはならず、むしろ悪さをする。硝酸態窒素は、人間の体内に入ると赤血球中のヘモグロビンと結びついて、本来酸素を運ぶ役目を奪って、体内は酸欠状態の症状が出てくるのだ。

体の小さい赤ちゃんは、特に症状が出やすく「ブルーベビー症」といわれて成長が停滞し、青ざめて元気のない赤ちゃんになってしまう大きな問題となった。ひどい貧血になると、死んでしまう可能性がある。

化学肥料はすぐ水に溶けやすいため、その分投入した畑から流失しやすく、河川や地下水を汚染する。今、問題になっている水道水や、農家の井戸水に高濃度の硝酸態窒素や燐が検出されている。野菜から体内に入る分と合わせると一層危険が増しているのが実情だ。

化学肥料は、植物そのものを虚弱にしてしまい、病気にかかりやすくする。また害虫にも食われやすくなるので、農薬を大量に使用しないと成長できない。現代農法では、化学肥料と農薬はセットになっていて、出来た野菜は残留農薬まみれのきわめて栄養価の低い、人体にとって危険な食品となっている。

さらに、化学肥料・農薬は、有益な土中昆虫や微生物を皆殺しにしてしまうために、有機物の分解が出来なくなる。大切な土の団粒構造もこわして、死んだ土になってしまう。長年、化学肥料を使用している畑の土は、サラサラになり強い風に飛ばされて無くなってしまう。しかも雨が降ると、カチカチに堅くて固い土になってしまうのだ。

化学肥料の良いところと言えば、唯一成長が早く外見がよいことで、形だけの空っぽの農作物なのだ。このように現代農法は、人間の健康にとっても、将来の農業にとっても、マイナス面が大きすぎて、持続可能な農法ではない。

働き盛りの、農薬・化学肥料を年中扱っている農家の人々が、癌、慢性肝炎、再生不良性貧血症（血液癌）その他、内蔵機能障害の病気で亡くなる人が多いのはなぜだろう。明らかに化学物質が、体内に大量に侵入していることが原因であると疑われているのに、その解明を避け、原因不明と断定している。

農薬のせいだと言わないのは、農水省が日本ばかりではなく、世界中に起こるかもしれない賠償責任を逃れ、企業を守るためと言わざるを得ないのではないだろうか。

欠陥食糧を生産している現代農法

植物にとって必要な栄養素は、窒素、燐酸、カリュームだけではなく、鉄・亜鉛・銅・マンガンなど一四種類の微量ミネラルだ。これらの諸元素は、元来、岩石の中に存在するものだが、長い間の風化作用によって岩石が砕かれ、さらに細い石の分子となって再結合した粘土の中に含まれている。

又、植物の根や微生物が、岩石をわずかづつ溶かした諸元素を根から吸収して、葉や茎、果実や種に貯えられている。そして、それを人間や動物に必要なミネラルとして、提供してくれている。こうして岩石の中の栄養素が、人間や動物の肉・骨・血液へと形成される。植物は、地球の諸元素を人間に橋渡しする偉大な仲介者なのだ。

土壌中のミネラルは、人間や動物の細胞の代謝を盛んにし、コントロールしている。微量だから無くてもよいものではなく、欠かすことのできない大切な元素なのだ。

現代病のほとんどは、土壌中にごく微量に存在しているミネラル類が、化学物質――農薬・化学肥料によって破壊されていることで起きている。現代世界の土壌は無数の合成化学薬品によって毒され、疲弊し、病んで瀕死の状態だ。

それでも尚、収穫物を生み出すために化学肥料が投入され続けているために、土壌は悲鳴を上げている。先進諸国の人々が、あり余るほど食物を摂っているのに、知らない間に栄養失調に陥っている原因は、土壌から始まっていることを知らなければならない。

はずむような健康にする作物を、人類に提供するためには、化学合成肥料を拒否し、肥沃で生産力のある若々しい土に戻す外にない。有機農法こそ、将来にわたって持続可能な、有効な農業であることを主張したい。

「地は人手によらず実をならせるもので、初めに苗、次に穂、次に穂の中に実が入ります。実が熟すると、人はすぐにかまを入れます。収穫の時がきたからです。」（マルコ四・二八—二九）

食糧危機はすでに始まっている

国が、不信に不信を重ねてわたしに罪を犯し、そのためわたしがその国に手を伸ばし、そこのパンのたくわえをなくし、その国にききんを送り、人間や獣をそこから断ち滅ぼすなら、……。

（エゼキエル一四・一三）

食糧国際分業論で日本は大きな過ちを犯した

私が小学校で習った社会科の教えの一つに、今も強烈に覚えていることがある。それは「食糧国際分業論」だった。日本は国土が狭く、急な山林が多いので食糧生産に適していない。一方、国民皆教育が行き渡って知識レベルが高く、工業や科学技術が発達している。自動車や精密機械、家電製品を輸出して外貨を得て、そのお金で未開で国土が広い外国から、安い食糧を輸入すればよい。効率が悪く生産性の低い、しかも外国より値段の高い農産物を無理して作るために、日本人を農地にしばりつけておく必要はないというものだった。農業しかない岡山の田舎育ちの私でさえ「そうだ、農業などやっている場合ではない」と、毎日すべて自分の家の畑で作ったものを食べていながら、頭の中では納得したような気になっていた。

もともと「食糧国際分業論」は、イギリスの経済学者リカード（一七七二―一八二三年）の説いた「比較生産説」にあったと言われている。これはイギリスがいち早く産業革命をなしとげ、世界の支配者となった当時の資本家の利益を確保するための、要求を正統化する理論武器だったのだ。

この理論は、日が昇るすべての時刻に植民地を持って、世界にユニオンジャックの旗をひらめかせた国策を合理化するためのもので、総合的な農業原理で裏打ちされた真理ではない。今日の経済学者、農学者たちによって、実際上の誤りやごまかしは批判しつくされている。

それを第二次大戦後、政府と工業界（大資本財閥）が日本の急速な復興と経済支配のために都合よく利用して農業軽視を子どもの教育にまで持ち込んで納得させようとした。そして、国民すべてが政府財閥の言いなりになって、今日に至っている。

今の日本の農業崩壊は、その矛盾が吹き出しているのだ。世界中の工業先進国で自国の食糧生産を軽視し、ハイテク産業のみで国を運営している日本。そんな浅薄な古い経済論を国の政策としているのでは、先進国の笑いものにされる。世界の過去の歴史にもそのような誤りを犯して国家を滅ぼした例は、幾つもある。

「食糧国際分業論」をふりかざした一七〜一九世紀のイギリスは、世界一工業が発展し、農業が見捨てられた頃、第一次、第二次世界大戦が起こって輸入が途絶え、手痛い食糧危機を招いた。その反省と教訓からその後、イギリスは農業を最重要国策に切りかえ、自給率を高めるために農業育成に努力している。戦後日本も同じ試練を受たが、教訓としなかった。

日本は、二〇〇〇年前のイギリスの時代よりはるかに、世界の食糧事情は悪化している。そして、今もなおこの失敗に学ばず、工業を優先し自国の農業を軽視して、農民の心と、耕地を荒廃させているのだ。そんな先進国は、日本の他どこもない。

「食糧国際分業論」の根本的な誤りは、農産物の収穫量と価格は常に大きく変動する不確定要因が常にある。

この当たり前のことを、全く考えていないということだ。工業製品は年々研究開発が進んで、より高性能の機種が出ることによって価格は下がることはあっても、上がることはほとんどない。

農作物は気象の変動、戦争や紛争、人口増加、土壌疲弊、利用地の限界などの悪条件が常に伴う。思わぬ豊作の年や、時には大生産地が壊滅的な被害を受けて、収穫がまったくないこともある。

にもかかわらず、途上国はいつまでも食糧を安定的に生産し、安価に提供し続けてくれるという錯覚の上に成り立つ、机上の空論でしかないのだ。

食糧輸入政策が招く社会不安と危機

食糧の国家間取り引きは、供給過剰であれば輸入に頼っている日本にとって、有利に働く。しかし不足となった瞬間、そのもろさは一気に現れ、食糧不足はどこよりも深刻となる。不足とまでいかなくても一〇パーセント減収と言うニュースだけで、価格は跳ね上がるのだ。

穀物や食糧など、直接関係のない投資家が、値上がりのニュースを聞きつけ参入してきている。半年後不作、その他の条件で値上がりの予想が立つと、安いうちに買い占めてしまい、高くなっても買わなければならなくなった時、売りつけるのだ。

貧しい国の人々が、高くなって買うことができず、飢える人が大勢出るなどとの考えはなく、ただ儲かればよいと、最低限いのちを支える食糧を、金持ちはさらに金儲けの道具にするだけだ。アメリカの大規模農家でさえ、巨大な穀物倉庫を持ち、世界の価格をインターネットで監視し、高値を待って出荷する。

石油高騰と連動して、世界の主要穀物価格は二から三倍となっており、さらに値上がりする傾向だ。やがて日本の外貨は底をつき、輸入することが困難になるだろう。すでに中国やインドなど、新興国に買い負けしている場面が、沢山起こりはじめている。

どんな商品であれ、本来生産国がその国の必要を確保した後、余剰があれば外国に回してくれる。まして国民の生命源である食糧を、自国民が飢えているのを無視して輸出に回すことは有り得ない。

その上、国際間取引には、常に為替レート変動の影響を受けている。国が経済力を失えば、円とドル、ユーロなどの交換レートは下がって円の価値は失ってしまう。そのような様々な困難が重なると、食糧輸入は激減するかもしれない。

もしそうなれば、日本は食糧パニックに陥る。すでに農産物の盗難は、全国で多発している。ついに日本中で、収穫期を迎えた貴重な数少ない収穫前の畑では、二四時間警備が必要になる。

「販売店の襲撃」「横流し」「不当な価格の吊り上げ」「隠匿《いんとく》」などが起こり、社会不安が増幅し、人心は荒廃し、道徳は地に落ちてしまうかも知れない。すでに慢性的な食糧不足に苦しむ途上国では、食糧を求める大規模なデモや暴動が多発して、死者も出ている現状だ。これまで、世界八億三千万人の飢餓人口の上に、今回の食糧危機でさらに一億人の生存が危ぶまれる食糧不足の国や民族が、生じたと言われている。やがて繁栄を誇った日本も没落して、その仲間入りをする日が来るのではなかろうか。

今こそ農業へ回帰すべき時

石油高騰をきっかけとして、世界の穀物生産国が輸出に回すより、ガソリンに替わるエタノール生産の方に多く回すようになって、食糧危機は一層深刻なものになっている。このことは、食糧の国際分業論は完全に破綻している、という証明ではないか。

本当の国力とは、世界の大規模な戦争、自然災害、不況など、どんな状況になろうと、自国民には最低必要量の食糧は常に確保できる「自給力」を、常時温存しているということだ。これが「食糧安全保障」である。

一つの家庭が、世の中がどんなに混乱しても、家族には三度の食事を食べさせてくれる親がいて、家庭は安定するのだ。今日の世界的な値上がりは、国内の食糧を増産し、自給率を回復するチャンスではないか。農家にとっても、生産に励む有利な条件となる。この時を逃がしてはならない。

食糧危機は、今まで軽く見られていた農業が見直されて、脚光を浴び、活躍が期待される時ではないか。今こそ日本政府は、政策を一八〇度転換して、農業を最優先し、本腰を入れて国内農業を保護し、支援していくべきだ。何よりも若い農業後継者を育成していかなければならない。

そのためには、農業専門学校を各地に新設して、熟練した高齢の農家の人を先生として迎え、技術を教えるべきだろう。さらに充実した農業大学を各県に創設し、優秀な実践者《リーダー》と農政指導者を育てるべきだ。人材は、いくらでもいる。短期アルバイトでつなぐフリーターや契約社員など、産業界が人間を使い捨てにしている人々に、農業についてもらうようにする。今なら、まだ間に合う。

日本人は三代さかのぼれば皆んな農民

日本人の血・DNAの中には農業に対する熱い思いが眠っている。それに目覚めさせ、あるべく所に立ち帰らせるのだ。何よりも聖書は、初めての人間・アダムを造られた時、エデンの園を与えて、そこを耕し、食糧を生産するよう命じられた。これは人間としての使命、聖なる労働なのだ。

イエス・キリストも農夫を思いやり、その働きを理解され、成果が多くても少なくても同様の報酬を与えた。いやむしろ、少なく働いた人から先に同じ額の報酬と、ねぎらいの言葉をかけられたのだ。(マタイ二〇・一―一五)

政府が行っている大規模農家にだけ補助金を出し、中小農家は切り捨てるやり方は根本的に間違っている。日本には大規模農業は、北海道をのぞいて無理なのだ。小規模の家族農業こそ土地を保全し、良質で多様な食糧を生産できるのだ。

緊急に、抜本的な国内農業保護と、自然対策を講じない限り、輸入食糧増↓国内生産の衰退↓自給率の低下↓輸入増の悪循環から抜け出せず、日本は食糧で破滅してしまう。

街人よ農を思いおこせ、土を耕せ

主は、あなたが畑に蒔く種に雨を降らせ、その土地の産する食物は豊かで滋養がある。その日、あなたの家畜の群れは、広々とした牧場で草をはみ、……。

（イザヤ三〇・二三）

土壌は神の贈りもの

私は、電車、車、飛行機で日本中を旅行することが多い。どこに行っても田畑を見ない日はない。唯一、東京でホテルに宿を取り、数日を過ごすと、人と車とビルに囲まれて、迷路に迷い込んだような圧迫感におそわれる。

しかし新幹線に乗って二〇分も東京を離れると住宅の間に点々と畑が見えてくると、ほっとする。私の住まいは岡山市の東のはずれ、畑や田圃が広がっている。しかし市街地に接する農地が絶え間なく住宅、工場、大型商業施設に浸食されて行くのを見ると身を削られる思いがする。

残っている田園地帯のあちこちに、何年も放置され、雑草が背丈ほども茂っているのを見ると「ああ、もったいない」所有者と交渉して私が耕したいと思ったりする。

西大寺平野は、吉井川（県下最大の一級河川）が、数千年の間、中国山脈から運んできた粘土と腐葉土（沖積土）で、農地としては最良の土壌だ。一七年前、ここに土地を求め、掘っても、掘っても良質な粘土が下層へ堆積しているのを確かめた。

この地域は想像もつかないほど、多くの稔りをもたらしてきた貴重な大地なのに、次々と巨大な建造物に踏み敷かれて、豊かな土壌は二度と明るい太陽の光を浴びることのない暗黒の世界へ葬られていく。貪欲な企業や都市は、モンスターのように限りなく膨張を続け、周辺の農地を飲み込んでいく。

神が創造された「太陽と川と土壌」この密接で、豊かな環境の中で、あらゆる生物を育んでゆく領域を、何のためらいも痛みも感じないで引き裂いてしまう人間の愚かさ、罪深さを思わずにいられない。

「あなたの神、主が相続地としてあなたに与えようとしておられる地を汚してはならない」

（申命記二一・二三）

食べることの困難さから食の暴走をもたらしたもの

日本人は三代さかのぼれば、皆んな農民だったという。江戸時代は九〇パーセントが農業と漁業を営んで生きてきた。さらに歴史をさかのぼれば、ほとんどすべてが自分で作って、あるいは漁に出かけて食糧を確保してきた。昔から日本は農地が生活の基盤であり、唯一の財産であった。農地を持たない小作農家は、地主に搾取されてどんなに苦しんで生きていただろうか。

だから、少しでも田畑をふやすことが一生の目標であり、そのためにはどんな苦労もいとわなかった。親から受け継いだ土地を、さらに増し加えて子孫に残すことができれば親類縁者から称賛されたのである。土地に対する愛着は、世界で日本人が一番強いことは、自分の中にもあるので納得できる。

このような、日本民族の農地への強い愛着心は、どこへ行ってしまったのだろう。若者は田舎を捨てて、都会に出てしまい、田畑が荒れてしまっているのに、帰ろうとしない。

かつて第二次世界大戦が終わって、戦時体制が解かれ、誰もがほっと胸をなでおろした。しかしその日から食べるものがない。皆んな腹を空かして庭を掘り、木の箱に土を入れ、川の土手や、空襲で焼かれた他人の空地まで耕して、ネギや菜っ葉を植えた。学校の校庭は、芋畑になっていた。

戦後一〇年ほどは、親は子どもに一日の食事を与えるために何でもした。毒でない限り、何でも食べた。それから半世紀、気がつけば世界中の生産地から高級食材を集めて、年間六〇〇〇万トンを輸入している。「豊食」は「飽食」となり、地球上で八億の人々が飢えている現状なのに二〇〇〇万トンを捨てる「放食」の国となってしまった。

かつての農業国が、なぜそうなったのかと言えば、戦後「西欧に追いつけ追い越せ」と政府財界の号令のもとに、工業最優先の政策を続け、農村の若い労働者を奪ってしまった。そして工業は発展したけれど、農業を継ぐ者は極端に減って、衰退してしまったのである。

日本の人口一億二五〇〇万人の大部分は、都市に住み、山間地は過疎化が進み、農業人口は三パーセントにまで減ってしまった。当然外国からの食料輸入に頼り、食卓を外国にあけ渡そうとしている。

現代人は田園地帯から逃走し、鉄とコンクリートの都市という檻の中に自らを監禁してしまっている。そして檻の差し入れ口に届けられる、人口の食べ物「ファーストフード」でいのちをつないでいる。

どこの駅前一等地でも、和洋さまざまなファーストフード店が立ち並び、賑わっている。長引く不況で、あらゆる物の購買が減少する中、ファーストフード店だけが大きく売り上げを伸ばしている。

田舎へ行って見よ。年老いた農夫が、昔ながらの素朴な大根や菜っ葉、新鮮な野菜を作っても食べる人はいない。野の鳥が、ついばんでも追う者もなく、季節の終わりには大量に捨てられている。

日本の自給率は減るばかりなのに、どこのテレビ局もゴールデンタイムは、グルメ番組が目白押しである。日本の豊饒は見せかけに過ぎない。世界中からかき集めている稀少な高級食材は、かつてはその国の王や貴族しか口にすることができなかったものだ。それらは明日にも消えてしまう、不確かさをはらんでいる。

「食べるものは、誰か知らないが、遠い国の人が作って、金さえ出せば差し出してくれる」という甘い考えは、これからは通用しなくなるだろう。相手国の食料事情を無視して、しゃにむに集める愚行はもうやめよう。

農から逃走する若者

日本が直面している危機は、長引く不況や、年金、保険の維持困難や制度崩壊のきざしよりも、根本的な問題は、この国に額に汗して農業をやろうとする若者がいなくなりつつあることだ。

これまでの、国の農政の誤りや、洪水のような農産物流入に憂いながら、その人が手をポケットに入れている限り、解決の力にはならない。自らが農の世界に飛び込んでいく勇気と使命感に燃えて、鍬を握ろうとすれば、国も彼らを支援して、日本の農業はよみがえる。

日本人一人ひとりに、その気概がなければ、日本列島から農業は消滅するほかない。この国の農業を解体しているのは、外圧ではなく、「若者の農からの逃走」にある。

人類が農業を嫌う行為は、世界の歴史を通じて行《おこな》ってきた。そのひとつは、他人に押し付けることだ。少しでも権力や金を持った者は、立場の弱い者を農場に追いやって、無理に働かせて搾取した。国によって農奴と呼んだり、小作農家と呼んでさげすみ、身分を縛りつけた。

しかし、近代になって社会に身分や権利の平等意識が高まり、人を縛りつける強制力が弱くなった。そのうえ、他の産業が発展してくると、若者は農業の労苦をいとい、先端技術や情報産業、サービス業へなだれこんでしまった。現在は東南アジアの青年達が、日本の農場へ出稼ぎに来ている。

二つ目の逃走は、近代化以後に起こった。小規模の家族農業から、大規模企業化を可能にした、機械と化学肥料農薬によって、徹底した省力農業である。こうして人間は、自然に反する有害化学物質を大量にまき散らし、大地を汚染してしまった。

その結果、本来人間を健康に保つはずの農産物の品質は低下し、有害な化学物質に汚染された食料を、世界中にばらまいている。

街人よ、土を耕せ

生まれて一年たち「よちよち歩き」をはじめた赤ちゃんが、初めて外に出た時、最初にする行為は「土いじり」だ。人間の手は、土に触れ、その感触を楽しみたいという衝動を、本能的に持っている。なぜだろう、神は「土のちり」で人を造り、神の息を吹き込まれて生きた者となったからだ。そして「土を耕せ」と、命じられたからだ。

赤ちゃんが幼児となり、再び外に出ると、誰もが無心に遊ぶ行動は、土に水をまぜて「おだんご作り」をする。これは人間の創造の出発点で、やがて青年になった時、大地から食物を作る練習を始めたのだ。あなたの手の中に、ずっと以前、土とたわむれた時の、あの新鮮な感触が残っているはずだろう。

コンビニや、ファーストフード店に財布を持って駆けつける生活を見直し、生まれた時の原点に帰ろう。あなたの家の庭で、ベランダで、そして、市民農園で野菜を作り始めよう。農地を所有している人は、感謝をもってこれ迄以上に頑張ろう。神は、豊な稔りの祝福を与えてくださる。

四章　いのちのパン

焼き上がった無添加穀物パン

聖書から始まったパンの歴史

見よ。わたしは、全地の上にあって、種を持つすべての草と、種を持って実を結ぶすべての木をあなたがたに与える。それがあなたがたの食物となる。

（創世記一・二九）

万物創造の神は、人類創造に先立って、人が生きて行くために不可欠な食糧への配慮を冒頭のように仰せられた。それは、地球各地の気象風土に合った見事な産物である。高温多湿のアジアの人々には米を、寒冷で乾燥地帯のヨーロッパ・ユーラシア大陸に住む人々には麦類（小麦、大麦、ライ麦、エン麦）を、また南北アメリカには、トーモロコシを基本的な食料として、神から与えられた。

パンを語るには、まず麦について語らねばならない。聖書には、麦とパンについての記述が無数にある。それは聖書の舞台が麦生産地域であったからにほかならない。

古代から現代まで、世界の穀物生産と需要の最大のものは、米やトーモロコシをはるかに超えて、小麦である。小麦は基本的食材として、無限の利用価値がある。パンをはじめ麺類、菓子類、食材のつなぎ等、毎日の食生活で、小麦を口にしない日はない。

もし地球上に小麦が存在しなかったら、無数に生えている植物の中から作物として選び、栽培化に成功しなかったら、どうなっていただろう。さらに麦粒を小麦粉にする製粉技術が無かったら、小麦の中に秘められているグルテンの機能に気づかなかったら、人類はどれ程貧しい料理体系になっていただろう。少なくとも今日の食べ物の半分はなかったし、地球上七〇億人を養う繁栄は存在していなかったであろう。

およそ一万年前、農耕文化の最初の小麦の栽培が始まった「エデンの園」にアダムは小麦を蒔いて収穫したことを示唆している。しかし人間は、生《なま》の穀物は食べられない。人間の歯や消化器官は、牛馬のようにはできていない。人間だけが炊いたり、焼いたり、油で揚げたり、火で煎る調理によって、効率よくエネルギーや栄養を摂取することができる。

エデンの園に家庭を築いたアダムとエバだったが、今日のように結婚前の娘が、母親からパン焼きをはじめ、家事全般の知識や体験が伝えられなかった。若い妻エバは、アダムが収穫した小麦を、はじめは水に浸して炊き、粥《かゆ》にして家族と共に食べた。

人類最初に、パンを焼いたのは誰だろう。考古学者は「不明だ」と記している。アダムは、神から贈られたこの麦を、どのように調理して食べたらよいか、祈りつつ思いめぐらし、神から知恵が与えられたのではないだろうか。当時は、日々「どうやって満足に食べるか」に、生活のすべての時間を費やしていた。いろいろと創意工夫してパン窯を発明し、周囲の人々に伝えたに違いない。

旧石器時代の終り頃、イスラエル南部の古代生活跡地に、石臼（粉挽き用）と、石釜が発見されている。その内部は、焼け焦げていたことから、パンを焼いた窯であったことが証明された。

聖書は、神が語った言葉をこのように記している。「あなたは一生、苦しんで地から食物を取る。…あなたは額に汗してパンを食べ、ついに土に帰る……。」（創世記三・一七―一九）（口語訳）。

それは、家族を養っていくために、小麦の種まきをし、雑草の除去、刈り取り、脱穀、そして粉挽きをしてパン焼きに至る工程が、いかに忍耐と重労働であったかを示している。「農夫は、大地の貴重な実りを、秋の雨や春の雨が降るまで、耐え忍んで待っています。」（ヤコブ五・七）と、農夫の労働を称えている。

古代王エジプト王朝の繁栄を可能にした小麦とパン

アダムから二〇〇〇年経って、紀元前六〇〇〇年頃、アフリカ大陸北部、ナイル川流域に文明が起こり、都市国家エジプト王朝が繁栄した。大型建設機械のなかった時代、王の宮殿、神殿、ピラミッド群の壮大な石の建築物を、すべて人力で建立した高い技術は、今も謎である。

国家プロジェクトに召集された、建築にかかわる無数の労働者、王の命令を執行する行政官、神に支える祭司団に不自由なく小麦を提供する農民は、農業に情熱をかけたことであろう。

その頂点に君臨する王の食を、まかなう誇り高きパン焼き職人達は、王を満足させるパンを焼くために命をかけ、研究を重ねただろう。そして、当時の王の権威にふさわしい最高のパンを焼いて、献上したに相違ない。またパンの製造は、王のパン職人をトップに、国家が管理・独占して、パンは通貨の役割を果たしていた。

兵士の日当は、パン二〇個、役人の月給は、二〇〇個の黒パンと五個の白パン。農民は一か月九〇個が、それぞれ支給されたと記録に残っている。

王が旅に出る際は、従者の分も含め、数万個のパンを馬車に積んで従えた。冥界を司る神「アモン・ラー」の祭日に、捧げたパンは一七種類で二〇〇万個と、ピラミッドに刻まれている。当時、いかに優れた製パン技術が成熟していたかを示している。こうしてエジプトは、現代に通じるパンの母国となった。

パンは食べると、跡形もなく消えてしまう。時代を経て、そのままで残っているパンはない。だからと言って、現在のようなパンが存在しなかった、ということにはならない。庶民の、日々の食事としてのパンは、質素であったとしても、王の日毎の御用達、神殿への捧げもの、客へのもてなし、恋人への贈り物の芸術品のような美しいパンを焼いただろう。

五世紀頃、パン焼きの様子、粉挽き奴隷の作業、酵母菌を扱う者、すべて墳墓や神殿壁画に描かれている。

世界の飢餓を救ったヨセフのパン

聖書はエジプトの繁栄と、神の民とのかかわりを、旧約聖書「創世記」に多くの章を通して、ドラマチックに記述している。

神に愛され、選ばれたヨセフが、エジプトの高官ポティファルに奴隷として売られた頃、エジプト文明は爛熟して小麦生産はピークに達していた、ある夜エジプトの王・パロは、不吉な夢を見た。

「肥えた良い七つの穂が、一本の茎に出て来た。するとすぐそのあとから、東風に焼けた、しなびた七つの穂が出て来た。」（創世記四一・五―七）という場面である。

王は、この夢を全エジプトに知らせ、国をあげて解明すべく、学者、占い師たちを集め、問いかけたが誰も解くことができない。そこで王の料理長が「知恵に丈けたユダヤ人の奴隷が、牢につながれている。彼なら、王の夢を解き明かしてくれるかもしれない」と進言した。ヨセフはただちに鎖をはずされ、王の悩みに見事に答えた。

「七本の豊かな穂は七年間続く豊作期間です。その後の七本のやせた穂は大凶作の七年を示しています。現在の豊作に浮かれて食糧を無駄にしていると、七年後には深刻な食糧不足が起り、エジプトのみならず世界中が飢餓となり、この国は滅びます。この七年間さらに増産につとめ、倉庫を建て、すべてを備蓄してください。これは私が仕える神が王に示された警告です。今すぐ有能な官吏を任命し実行してください。そうすれば後の世まで、賢明な王としてあなたの名は歴史に刻まれるでしょう。」と一気に語った。

王は驚き、即座にヨセフを牢獄から解放し、帝国の宰相に抜擢してエジプト政治の全権を彼に与えたので、この政策は直ちに実行に移された。ヨセフは農業、食糧のみならず国家の最高指揮監督官となった。小麦の生産、備蓄、製粉、製パン、国民への配給、その他すべての分野の行政改革を行い、傾斜しかけていた国家を立て直した。

しかし、七年の凶作はエジプトの大地が不耗となり、農業に始まる国家の衰退の前ぶれであった。どんなに科学技術が進歩しようとも、土を大切に持続可能な農法（有機農法）によらなければ、あらゆる繁栄を誇った都市文明も滅亡途上にあるという、二一世紀への神の警告である。

ギリシャ・ローマから中世へ

かつてエジプトの、パン籠であった広大な農地は、熱帯の強い太陽が畑の水分を激しく奪い、地下水を吸い上げた。そして地下から塩分を上昇させ、土壌の塩類化を招き、不耗の地と化し、エジプト文明は食糧を失って没落していった。

エジプトのパン文化を引き継いだのは、華麗な芸術と現代に通じる哲学が開花したギリシャであった。パンは、ギリシャでほぼ完成し、エジプトからギリシャに伝えられたパン技術は、古くからのワイン作りと結びつき、さらに洗練された。それまでの主食は、大麦の粥や、すいとんであったが、上流階級を中心にパン食となった。

小麦は、ギリシャでは生産されていなかったが、特産のぶどう、ワイン、オリーブの輸出代金が、小麦の輸入を容易にした。ギリシャ生活史の記録には、七二種のパン、大麦パン、小麦白パン、ライ麦パン、無発酵堅パン、その他様々な干果物、蜂蜜やナッツの入った菓子パンが、初めて登場している。

やがてローマが抬頭し、強力な軍隊を各地に送って降服させ、ローマの領地は世界に及んだ。ギリシャもローマの力の前に屈従し、パン職人を奴隷として連れ去り、ローマにパン食を持ち込み、それまで無かったパン食がローマに定着する切っ掛けとなった。

ローマ市民のために、奴隷としてパン製造を始めた技術者たちの努力によって、市民の食習慣は一気に改善した。そして金にあかせて、ぜい沢な食を楽しむようになった。この功績から奴隷の身分を解かれ、パン製造販売の権利を、組合を組織して独占し、新たな参入者を許さなかった。

それにより、富の蓄積で力を得た一部は政界に出て、パン業界を擁護している。ローマのリゾート市ポンペイの二代目市長は、パン職人から出ている。ローマの繁栄は征服された諸外国からの税金によってまかなわれた。政治家、貴族、一般市民もぜい沢、快楽、放縦に身をこがしている間に、かつて侵略された周囲の国々はローマに反目し、軍事力を貯え。戦争に挑むようになった。

一〇〇〇年続いたローマの繁栄は、内部から崩壊して、歴代の皇帝は非常に短命となって、一〇〇〇年続いた国のあらゆる組織は、戦う力も意志も失っていた。一四五三年、トルコ軍の侵入でローマは、あっけなく滅亡した。パンの歴史から見ると、これによってパンの技術は一気にヨーロッパ全体に広がり、パン食はヨーロッパ全体の農業を麦の生産へと変化した。

実は、中世は地球規模で寒冷期（小氷河期）に突入し、数年間続く冷害を繰り返し、農産物の収穫が激減した。中世ヨーロッパは、混乱と暗黒の時代になり、教会が政治の中心を占めるようになっていった。

そこで、キリスト教会とパンのつながりが、はっきりと形をあらわしていく。職も家庭も、食物もない無数の貧民に、唯一救いの手をさしのべたのは、パン製造を大々的に行ったカトリック教会の修道院であった。

「飢えた者にはあなたのパンを分け与え、…。」（イザヤ五八・七）

キリスト教迫害から護教のローマ皇帝へ

あなたがたは、わたしが空腹であったとき、わたしに食べる物を与え、わたしが渇いていたとき、わたしに飲ませ、わたしが旅人であったとき、わたしに宿を貸し、わたしが裸のとき、わたしに着る物を与え、わたしが病気をしたとき、わたしを見舞い、わたしが牢にいたとき、わたしをたずねてくれたからです。

（マタイ二五・三五―三六）

紀元前から中世に及んで、世界を支配した歴代ローマ皇帝は、帝国を維持し、皇帝に忠誠を誓う手段として、皇帝自らを神として礼拝することを、全領土の人民に強要した。しかし、キリスト教、ユダヤ教徒は、聖書が啓示する天地創造の唯一の神のみを礼拝し、皇帝礼拝を拒否した。

皇帝は、キリスト教徒がローマに反逆することを恐れ、キリスト教を撲滅しようと徹底的に迫害した。それでも尚、クリスチャン達は命を賭《と》して、イエス・キリストを救い主と告白し、信仰を守り抜いた。迫害が強化されるほど信仰は燃え、当時、ローマ市のクリスチャンは、五〜一〇パーセントに達していた。血も涙もないキリスト教弾圧は、専制政治にとって得策ではないと皇帝達は気づき始めた。

その背後には、聖徒たちが日夜「この迫害が一日も早く終わるように」と、全能の神に「祈りの叫び」が三〇〇年にわたって続けられていた。そしてこの涙の祈りに、神は応えられる日がついに来た。

ローマに新しい有能な皇帝として、期待されていたコンスタンチヌスは、宿敵マクセンティウスとの戦いの出陣に先立って、ローマに攻め入る直前、ティベル湖畔で、天空に十字架が現れ「この印にて勝て」との文字が浮び上った。コンスタンチヌスとその軍隊は、勇気と力を得て大勝利して戦いは終った。

この戦いに神の加護を確信したコンスタンチヌスは、自らクリスチャンになったばかりでなく勅令を出して、異教信仰を禁じ、キリスト教をローマの国教と定めた。「迫害から護教へ、暴虐から愛と慈善による神聖政治」に一八〇度転換した。

まず、クリスチャン達から没収した財産をすべて返還し、逮捕していた信徒を牢から解放した。迫害を逃れて、ローマの地下墓所に立てこもっていたクリスチャン（一説によると五万人）は晴れて、太陽の輝くローマ市街に躍り出た。彼らの多くは迫害によって手足や眼球を失った者、ケガの治療も受けられず、栄養失調で瀕死の病人たちであった。

これらの人々を、皇帝は手厚くもてなし、パン、小麦、大麦など膨大な食料援助を行った。クリスチャン以外の困窮者たちにも、食糧が欠けることがないよう努力し、神の戒を守って貧者を愛し、世話をすることを公的な美徳として、自ら模範を示した。

キリスト教徒になったコンスタンチヌス大帝は、ローマ世界のキリスト教化を促進するため、主要都市に五〇〇の大聖堂を建立し、寄進した。それはキリスト教史の中で、驚天動地の出来事である。こうして瞬く間の「パンと神の言葉」は、ローマ世界・全ヨーロッパに伝えられて行った。

軍事国家ローマは、基本的には自らの生産経済で成り立っていたのではなかった。それは、占領国からの徴税を前提とした繁栄であったため、のちの皇帝達には重荷となり、敏腕を誇ったコンスタンチヌスの大盤振る舞いは続かなかった。

世界を支配していたローマ経済も、地球寒冷化（小氷河期）による破滅的な打撃によって崩壊に向い、中世ヨーロッパは暗黒時代に突入して行くのである。中世になると、帝国内にあらゆる問題が噴出し、皇帝による専制政治は崩壊し一四五三年ローマ帝国は滅亡した。しかし、キリスト教はヨーロッパ世界に力強く根付いていた。

中世キリスト教が果たした社会福祉

政治は強力な支配者を失ったが、もうひとつの勢力である、初代教皇（世界で現在まで二〇〇〇年以上続いている組織は、ローマ教皇と、日本の皇室だけである）が、政治宗教の中心を占めるようになった。かつて、血と涙の迫害に耐えて来たキリスト教会が、暗黒の世に愛の灯となって、社会を救う役割を期待された。

国家による社会福祉制度がなかった時代、教会がその働きを担う重要性が増した。ローマ教皇は「預言するよりパンを施与」と各国の司教（牧師）に、積極的な行動をとるようにと、勧めの文書を出した。

中世ヨーロッパは、慢性的な食糧不足が続いた。地球全体が小氷河期に入り、夏も気温が上らず、食糧生産は極度に減少した。小麦の収穫高は現在の一〇分の一しかなかった。農家はその中から、翌年の種まき分を取り分けておかなければならない。その残りが、実質的な収穫となる。つまり、まいた二倍の二〇〇パーセントで初めて元が取れる。

当時のデータによると小麦は一五四パーセント、大麦一六二パーセント、ライ麦一〇〇パーセントで、まいた種と同じ量の収穫で、食用にまわす麦はひと粒もない状況であった。その上、一〇分の一は賦課税として納めなければならない。どの国も収穫は激減しており、不足分を周辺の国から輸入するなど、とうてい不可能であった。不作が数年続くと、おびただしい餓死者を出した。

巷には、今日ひと切れのパンの当てもないホームレス、孤児、文盲、病人、身体障害者があふれ、日曜日の朝、食糧配給に教会の門の外で、むしろ一枚で野宿する大群衆があった。陽気な物乞いなど、いない。絶望的な貧窮者達は常に怒りに燃え、暴徒化する危険が日常的にあった。

それを押さえるのは、力ではなく、愛と慈善による福音以外にはない。教会や修道院は、パンを求めて押し寄せる人々に施すことに、いかに精力的であったか、教会日誌に伺える。修道院の正面入口、すぐ右手にパンを施す接待室、奥には旅行者を泊める部屋、病人のための休養室を備え、信仰とホテルと病院を合わせ持つ、総合的な福祉施設であった。別棟には穀物倉庫、脱穀場、粉挽き場、パン焼き窯、醸造場も完備し、時代の先端を行く技術開発を行っていた。

教会の外側には、富裕層の信者から寄進された麦畑が広がっており、自給自足をもって貯えをふやし、どれ程精力的に貧者救済を行っていたか伺える。

現代の国際救援の精神

世界中で起る大事故や大災害は、人工衛星を通じて瞬間的に生々しい映像が、世界の人々に伝えられる時代となっている。二〇一一年三月一一日、東日本を襲った大震災は、原子力発電所四基の破壊も起こって、未曾有の災害となった。その際、世界の先進国はもとより、経済的困難な途上国からも救援隊を送って、食糧、水、衣服、薬、そして救命に命がけで当たった。

日本からも、日本最大のパンメーカー「ヤマザキパン」は、莫大な量のパンをトラックに満載して、直ちに被災地に贈ってくださった。その他の企業や団体、キリスト教界、個人に至るまで、どれ程救いの手が差し伸べられ、被災された人々を励ましたことであろう。

現地へ行くことの出来ない人々からは、予想を超えた義援金が送られている。科学技術の発達によって、通信、交通、輸送など迅速に対応できるようになったことにもよるが、キリスト教精神の「愛と慈善」の思想が世界の人々の心に行きわたったことが何よりも大きい。

アムダ（アジア医師連絡協議会）は、岡山に本部を置き、全国組織を持ち、災害が発生すると、まっ先に医師看護師を派遣した。その他、様々な救援に駆けつけている。

世界で一〇億人の飢餓の国や民族に対しては、世界のキリスト教会が協力して「国際飢餓対策機構」を組織して、常時支援を続けている。一国では救援や復興が不可能で、しかも緊急を要する大災害には各国が、食糧、水、医薬品、また専門の救援隊を無償で送っている。

冒頭の、主イエスのみ言葉の最初に「私が空腹であったとき、わたしに食べ物を与え…。」と、まずパンの施しを第一に上げている。

私の「パン造りの原点」と使命

私がパン造りを始めて、五〇年近くになる。キリスト教の牧師が、なぜ生涯、自宅で手造りパンを続けてきたかを述べよう。

一九六三年、私が学んだ神学校は、神戸西部の山の中にあった。当時、近くには食品をはじめ、日用品ひとつ売っている店はなかった。神学校は全寮制で、伝道、実習、買い物でも寮を出て町に行く時は、行き先と用件を申告する決まりであった。帰ったら「只今、戻りました」と報告する。

その頃、寮生は五〇名程いたが、どういう訳か英国人宣教師であり、神学校の教授は私に「いつものパンを、買って来て欲しい」と頼んでいた。神戸三ノ宮の繁華街に、一軒だけヨーロッパ風の穀物パンを製造販売しているベーカリーがあった。

「宣教師は、こんなパンを毎日召し上がっておられる。よし、私が神学校を卒業して家庭を持ったら、家でパンを焼いて差し上げよう」と決心していた。卒業後、すぐ妻とパン造りに取り組んだが、パン焼きの指導書などなく、全くの手探りであった。一年ほど失敗を重ね、宣教師に差し上げても恥ずかしくないパンが焼けるようになった。

以来、今も研究を重ね、焼き続けている。教会のバザーに出品すると、私の穀物パンの価値を知っている人は飛びついて、まっ先に売れてしまう。このパンを、私から買いたい、「毎週一定量注文するから、焼いてほしい」と、どれ程の人から頼まれたことか。

又、「先生、パン屋を始めたら繁盛するよ。私も買いに行くから」と言う人もいた。しかし、すべて断っている。私は、売るためにパンを焼いているのではない。必要としている宣教師をはじめ、真に困っている人々に差し上げることを使命としている。今日一日パンを焼こうと決めたら、何を差し置いてもパン作りに一日を捧げ、一〇〇個焼いたら、その日のうちに九九個、いや一〇〇個を全部残らず宅急便で送ってしまう。

主イエスはガリラヤ湖畔で福音を語られ、一万人から一万五〇〇〇人の群衆が時を忘れ、主のみ言葉に聴き入った。陽も傾き、疲れと空腹を覚えた多くの人々がいた。主イエスは、弟子達に「あなた方の手でパン（食物）を与えなさい」と。私には、いつもこの声が響いて来る。八十歳になった私だが、健康が続く限り「パンと神のみ言葉」を必要としている人に、贈り続けよう。これが、神学校で学んだ伝道生涯の使命である。

中世の、教会奉仕者のパン焼きに比べて、取るにたりない、わずかなものに過ぎない。しかし私ができる精一杯の、イエス・キリストへの捧げ物である。

「あなたがたが、これらのわたしの兄弟たち、しかも最も小さい者たちのひとりにしたのは、わたしにしたのです。」（マタイ二五・四〇）

日本民族の「パンの夜明け」

一切れのかわいたパンがあって、平和であるのは、ごちそうと争いに満ちた家にまさる。

（箴言一七・一）

パンには一万年の歴史がある。しかし、海に隔てられた島国日本は、世界の焙焼パンには無縁の歴史が続いてきた。縄文時代後期に、稲作が伝えられて以来、米飯と麦、ソバ、粟、きびなどの雑穀を煮るか、うどん、そばに加工して食べてきた。

中世後期、地球の広さを知ったヨーロッパ諸国は、競って未知の国に貿易と植民地を求めて、アジア、アフリカ、南北アメリカ大陸にやって来た。それはパン文化と、キリスト教を世界に伝える道でもあった。

一五四三（天文一二）年、ポルトガル船・トラムエルタン号が暴風雨で、種子島に漂着した。領主・島津時堯と島民は、初めて見た異国人を手厚くもてなした。船長は、お礼に鉄砲二丁と、弾薬を贈った。その時船員が、ライ麦入りの固いパンを常食にしているのを見たが、島には材料がなく、焼く技術も知らなかったので鉄砲以外は伝わらなかった。

一五四九（天文一八）年、フランシスコ・ザビエルが、キリスト教布教のため鹿児島に上陸した。その後、南蛮船が長崎に来航して、ヨーロッパのパンや菓子（カステラ、金平糖、ビスケット）が伝えられた。織田信長は好奇心が強く、西洋文化に興味を持ち、宣教師を厚遇し、布教を許した。

また、南蛮料理、パン菓子を好んで食べた。長崎の人たちは、早速パン菓子の生産販売を始めた。人々は、パンを「餡なしまんじゅう」と呼んで珍しがったが、日常食にはならなかった。時代は変わり、豊臣秀吉による厳しいキリシタン弾圧が始まり、パンを生産する者、食する者もキリシタンと見なして、踏絵をふませ、パン、ケーキ、南蛮料理も禁止した。以後二五〇年余り、パンは日本から排除され、忘れられた。

パンの再来、明治から戦後学校給食による大来襲

一八五四（安政元）年、アメリカから突然黒船がやって来て、大砲で威嚇して開国を迫り、徳川幕府が国を閉じた三〇〇年の鎖国政策に、くさびを打ち込んだ。そして世界に例を見ない、無血革命（坂本龍馬と少数の暗殺以外）によって、明治政府が誕生した。

横浜に、外国人居留地を得た外交官・貿易関係者・宣教師達はパン調達の必要から、日本人に母国のパン技術を教えた。呑み込みの早い職人は、すぐに洋風パンをマスターし、生産販売を始めた。

しかし、米飯とみそ汁、干魚、漬け物という、和食に慣れ、親しんできた日本人には、なかなか浸透して行かない。食パンを食べた庶民は、まんじゅうの皮だけを喰うようなものと感じ、砂糖をつけて食べたという。夏目漱石の『吾輩は猫である』の一節にも、「食

パンに砂糖をつけて食べた」と書いてある。バターが普及したのは、ずっと後のことだ。

そこで一八六九（明治二）年、銀座でパンの生産販売を始めた木村安兵衛（木村屋総本店創業者）は、日本の蒸しまんじゅうをヒントに、パンの中に小豆餡を入れて焼くアンパンを考案した。これが大好評で、毎日飛ぶように売れ、評判の銀座名物となり、明治天皇に献上したところ大変よろこばれ、宮内庁御用達の指定を戴き、一層有名になった。

その後、木村屋で修行を積んだ、職人たちは、それぞれ独立して店をかまえ、ジャムパン、クリームパンなどを発明して、パンの普及に一役買った。外国ではパンは食事用、菓子にはクッキー、ビスケット、ケーキ等があり、日本は和菓子だけだったために、アンパンは和洋折衷の傑作である。以来、日本では菓子パンが発達し、今日に至っている。

しかし、日本は軍国主義に傾き、戦争に突入すると、軍隊の兵糧・乾パン以外、再びパンは姿を消した。

第二次大戦は、日本の無条件降伏で終わった。満州事変以来、日本はしなくてもよい幾つもの戦争を、一五年間行った。男たちは戦場に駆り出され、多くの死傷者を出し、田畑は女性と老人にまかされ、食糧生産は激減して行った。戦後日本は、世界で最も厳しい食糧難に陥ってしまった。

学校は始まったが、昼の弁当を持って行けない生徒が多数になって、子供の成長に悪影響を及ぼした。そこで、戦勝国アメリカから救いの手が差しのべられて、昭和二五年から全国的に、パンと脱脂乳の学校給食が始まった。

アメリカの善意を、単純に信じて政府も飢えた国民も大歓迎だったが、実はこれには日本を標的とした、アメリカ農産物（小麦、乳製品、牛肉）の継続的な輸出先の確保、という経済政策が隠されていた。

第一次、第二次大戦と続いた戦禍によって、ヨーロッパ、アジア、ユーラシア大陸諸国は、国土の農地が戦場となり、農家の男たちは戦争に招集された。どこの国も、極度の食糧不足に陥っていた。アメリカも参戦したが、唯一戦場にならなかったため、小麦、大豆、トーモロコシを大増産して、世界中に輸出して大儲けした。

戦争が終わり、各国は食糧不足解消を優先する。他産業に先立って、農業に力を入れ、大増産し、どの国もアメリカから買ってくれなくなってしまった。そこで、アメリカ国内で消費し切れない余剰小麦を、日本の戦後復興援助の名目で、大量に送った。

そのねらいは、日本に小麦を輸出し続ける策略であった。そうとは知らず、学校給食で毎日子供たちにパンを食べさせ、味を覚えさせ、習慣化して成長してからも、アメリカ小麦を消費し続けるよう仕向けられた。

日本の主食は、米飯からパン食へとジワジワ変化して、数年前には米の消費は、アメリカ、カナダ、オーストラリア産の小麦に追い越されてしまった。アメリカのねらいは的中し、小麦の九〇パーセントは輸入に頼り切り、外国依存から抜け出せないままだ。パンには、肉と乳製品がつきもので、そのいずれもアメリカ依存の構造が、出来上がってしまったのである。

暴走する現代のパン

歴史と伝統を守り続ける、ヨーロッパやロシアの素朴で質実剛健なパンに対して、アメリカのパンをお手本に繁栄してきた日本のパン業界は、商業主義に毒されてしまっている。リッチというより、過剰な栄養付加のパン、過度に装飾をほどこし、ファッション化したパンだ。

外国人が日本のベーカリーを訪れると、その美しさ、豪華さに驚くそうだ。また大規模工場による大量生産で、全国に販売路を拡大し、さらに世界のパン市場を独占しようとする戦略、その先端を行くのがマクドナルドだ。日本も、今や世界に進出している。

そこに起こってくる問題は、化学物質である食品添加物の大量使用である。一番の基本である食パンでさえ、日持ちを良くする防腐剤、硬化を防ぐ柔軟剤、芳香料その他二〇数種類の添加物のかたまりだ。市販の食パンは、真夏でも四週間放置してもカビひとつ生えず、柔らかさを保っている。

パンのいのちは、焼き上げてから八時間だ。本来パンは生産した、その日のうちに食べ終わるべきものだ。添加物を入れない手作りパンは、一日で鮮度を失い劣化が進む。これは我が家で、いつも経験している事実である。

私は、家庭での初心者向き「小規模のパン作り」から、プロの「パン屋新規開業指導書」まで、研究のために何冊も読んだ。しかし化学添加物を入れるなど、ひと言もふれていない。だからこのノウハウは、食品添加物メーカーと製パン業界が、外に洩らさない秘密事項なのだと思ってしまう。

戦争でパンメーカーは縮小撤退、その上都市爆撃によって壊滅した。ところが戦後間もなく、学校給食用のパンの生産の依託を受け、アメリカの大量生産の新しい技術を導入して、全国の小学校にパンを届けるシステムが出来上がり、企業は成長して行った。

大規模製パン技術には、化学添加物仕様のノウハウがあったと思う。悪知恵がまだない子供に、大人がちょっといたずらを教えると、悪童たちはおもしろがってその何倍もの悪さをする。

農業分野で、アメリカの大規模粗放農業に「農薬と化学肥料」は欠かせない。日本は、歴史を通じて小規模集約（有機）農業を営んできた。戦後アメリカの農薬・化学肥料を勧められ、恐る恐る使用してみると、その即効性はてきめんだった。以来、日本はこれに頼り切った農業に、傾倒してしまった。今やパンの化学物質添加と、作物への化学物質依存はアメリカを超えて、世界一の使用国になっている。

パンの主原料である小麦は、神が人類に贈られ、いのちを養うために丸ごと食べるなら素晴らしい健康食品である。小麦は、三重もの堅い皮の中に澱粉をはじめ、必要な数多くの栄養素が詰まっている。

外殻を砕いて、中の白い澱粉を取り出すのに、初めは大変な労力を要した。小麦の粒には一番大切な胚芽があり、それは栄養の宝庫なのだ。それを土に蒔くと、芽を出し、次の生命を生み出す力強いいのちの法則を秘めている。

ところが、堅い繊維質の皮をそのまま粉にすると、色は茶色になり、味も落ちるので、中の白い澱粉質（今では当たり前と思っている、小麦粉）だけのパンを焼くと、白くて、柔らかく、きめの細かい、ふっくらとしたパンになる。聖書に出てくる白パンである。製粉技術が幼稚な時代、小麦の粒の五〇パーセントをフスマとして捨て、王や貴族の白いパンを焼いていた。今日発達した製粉技術でも、三〇パーセントは家畜の餌にまわされる。ところが、捨てられるこの胚芽の部分こそ、大切ないのちの元の栄養部分があるのだ。米についても同様で、精米した米は外皮と一緒に胚芽もヌカとして捨てている。こうして澱粉だけで作ったパンや米飯は、いのちのない死の食物となっている。

よく言われる「三白の害」、それは一番大切な、栄養の宝庫の除去なのだ。

①　精白米、精白小麦粉（外皮と一緒に、胚芽もヌカとして捨てている）。

②　精白砂糖（糖分を含んだ植物の、他の重要な栄養を除去した純糖）。

③　精白塩（カルシウム、亜鉛など数種類の海塩に含まれるミネラルを除去した一〇〇パーセント化学物質の塩化ナトリューム）。

「加工食品を口に入れた瞬間、おいしいと感じるものは、ほぼ毒である。」とある大手レストラン経営者の言葉だ。

こうして現代人は、おいしさと便利さを追求するあまり、それぞれの食材の中に、神が人類に贈られた天然の必須栄養分を捨て、悪い化学物質を入れて健康をそこない、様々な病気をつくりだしているのである。

しかし神からのメッセージを聞く者たちは、取り去ったり、付け加えたりせず、食の原点に帰って、神が与えたそのままを原料としたパンを日毎の糧としよう。

「わたしがいのちのパンです。わたしに来る者は決して飢えることがなく、わたしを信じる者はどんな時にも、決して渇くことがありません。」(ヨハネ六・三五)

種なしパンに帰れ

あなたがたは種を入れないパンの祭りを守りなさい。それは、ちょうどこの日に、わたしがあなたがたの集団をエジプトの地から連れ出すからである。あなたがたは永遠のおきてとして代々にわたって、この日を守りなさい。

(出エジプト一二・一七)

キリスト教とパンは、切っても切れない関係がある。パンを語らずして、キリスト教を語ることができない。神の子イエス・キリストは「わたしはいのちのパンです。」とご自身をひと切れのパンになりきるほど低くされた。私たちが、毎日パンを食べるように、主イエスを受け入れ、味わい、魂とからだの糧とせよと、信じることを食べる行為と同列に語られているのである。

アダムが、最初に焼いて家族に与えたパンは、小麦粉を水で練り、直火《じかび》で焼いた素朴な種なしの固いパンであった。この種を入れないパンに表されている思想は、全聖書の重要なテーマとして流れている。

紀元前三〇〇〇年頃、エジプトに伝わったこの固いパンは、現在に通じるソフトなパンに代わっていった。ある日、エジプト人が粉をこねて、焼くのを忘れて、二日後に気づいた。そのパン生地は今までになく、大きくふくらんでいたが腐敗していなかった。それを、恐る恐る焼いてみると、とても柔らかく良い香りと、おいしさに驚いた。

微生物の存在を知らない時代だが、空気中、ワイン、ビール、ヨーグルト、チーズや野菜の中にも、食品を劇的においしく変化させる何かがあることに気づいたのだ。つまり発酵パンは、原理より技術が先行して次第に広まっていった。

しかし今日も、酵母菌の生産・管理のむずかしいアフリカ、インド、中東の国々、湿気の多い南アジア諸国では、無発酵パンを常食にしている。

紀元前三五〇〇年頃、全地は七年間にわたって雨が降らず、小麦をはじめ、野菜、果物、家畜の牧草も育たず、全世界が恐ろしい食糧飢餓に陥った。カナンの地に住む、神に選ばれたヤコブと一一人の息子、その妻や子供たち（後のイスラエル民族）も、餓死の危機にあった。だが、唯一、エジプトには穀物が豊かにある、との情報を得た。彼らは、生き延びるために、エジプトに下って行った。

そこには穀物倉庫が立ち並び、大量の小麦が備蓄されていた。十分な食糧の配給を受け、異国の文化を享受し、楽しみ、飢餓の七年間だけの寄留のつもりが、四〇〇年も定住してしまった。当初、ヤコブの家族は七〇人だったが、その間にエジプト人よりも多くなって二〇〇～三〇〇万人の民族に増加していた。（創世記四六・二七）

エジプト王パロは、急増するイスラエル民族が反乱を起こし、エジプト王朝を倒すことを恐れて、奴隷の身分に陥れた。そして巨大な石の建築物のピラミッドや、偶像を祀る神殿や、倉庫群など、都市計画建造の労働に当たらせた。神の民が、偶像礼拝と放縦な生活をするエジプト人に、酷使される屈辱を味わうことになった。これは父祖・アブラハムに告げられていた。（創世記一五・一三）

その上、イスラエルの家庭に男の子が生まれると、直ちにナイル河に投げ込んで、皆殺しにせよと、非情な命令が下された。その苦しみの叫びは天に届き、神はその惨状から救出するためにモーセを指導者に選んだ。

四〇〇年前の故郷、カナンの地に帰還する、一大スペクタクルが展開して行く。この歴史ドラマは創世記、出エジプト記に詳しく記されている。神の言葉はモーセに告げられた。「今、行け。わたしはあなたをパロのもとに遣わそう。わたしの民イスラエル人をエジプトから連れ出せ。」(出エジプト三・一〇)

モーセは、ひとりでパロ王の宮殿に乗りこんで「真の神を礼拝するために、我らを去らせよ」と談判した。パロ王は「私の命令によって、お前たちが建てたこの神殿の神々と、何の実体もないお前たちが言う神と、どちらが真の神か対決せよ」と命じた。エジプトの祭司団と、モーセひとりの宗教対決一〇ラウンドは、すべてモーセの神の勝利となった。

最後の一〇回目の対決は、偶像崇拝者エジプト人には悲惨な結果となったが、まことの神を信じるイスラエル人には、解放と救いの「おとずれ」である。

それはモーセが祈ると、神の審きの使いが現れ、パロ王の家から奴隷や外国人に至るまで、家ごとに長男、長女、飼われているすべての種類の家畜の初子、すべて息ある者は、今夜死ぬという災難が降りかかると宣告した。

一方モーセは、同胞の民には「今夜、家ごとに一歳の雄でキズのない羊をほふり、その肉を残さず食べ、その血を家の柱とかもいに塗って、家の中で静かに待て。神の使いは家の柱に塗られた血を見て、すでにこの家の審きは行われたと判断して過越《すぎこ》す。そして、一週間、種を入れないパンと苦菜《にがな》を食べ、エジプトのパン種を家から除いて、祈りと謹み深い生活で過ごせ」と悟した。

この「過越の祭事」は今日に至るまで三〇〇〇年間、ユダヤ教徒は固く守り続けている。しかし、救い主イエス・キリストが、この世に来られた。そして、全人類の救いのために十字架による死の直前に、聖定された「聖餐式《せいさんしき》」に受け継がれている。プロテスタント、カトリック教会では「パンとぶどう酒」を用いて守られている。

過越のメッセージを聴かなかった、エジプトのすべての家庭では、その夜死者であふれた。彼らは叫んで「イスラエル人がこの地に居ることで、我々にこんな災いが起こったのだ。一刻も早くエジプトから追い出せ」と王に迫った。パロ王は仕方なく、イスラエル民族の帰還を許可した。王は内心、イスラエル人が脱出した後、軍隊が追いかけて皆殺しにする計画だった。

モーセは民に、脱出時、家族ごとに携帯食糧として、エジプトの発酵パンではなく、種を入れないパンを急いで焼いて持参するように命じた。彼らは皆、四〇〇年のエジプトの生活習慣がしみついていた。なぜ、種を入れない固いパンでなければならないのだろうか。

①　発酵パンを二日かけて焼く余裕がなく、急いで食糧を用意する必要があった。それは救いの時が来たら、即座に行動すべきことをうながした。

②　異教のエジプト人の食物だけでなく、偶像礼拝や、欲望のままに享楽を貪るこの世の価値観や、生活習慣を持ち込まないためだった。

いよいよ、エジプト脱出の日がやって来た。しかし大集団の逃避行は、容易ではない。大人はテントや当座の日用品、子供や老人の手にはパンや水を持ち、のろのろと移動するイスラエルの民の背後に、馬や戦車に乗ったエジプト軍が迫ってくる。神はその間に暗闇を張って、民の行方をくらました。

紅海の岸に辿りつくと、波打つ海水はカーテンを開くように分れ、イスラエルの集団は乾いた海底を歩いて渡った。同様にエジプト軍は逃がしてなるものかと、海底を追いかけ、イスラエルの最後のひとりが対岸に上がった途端、壁のように立ちはだかっていた海水は、エジプト軍に怒濤となって襲いかかり彼らは全滅した。（出エジプト一四・二八）

過越の祭りから聖餐式へ

こうして神の奇跡にみちた介入によって、イスラエルの民は守られ救われて、紅海の対岸で神に感謝し、礼拝を捧げた。

「主は輝かしくも勝利を収められ、主は、私の救いとなられた。主はパロの戦車も軍勢も海の中に投げ込まれた。」（出エジプト一五・一、二、四）

この時から一〇〇〇年の歴史が流れ、神の救いの歴史は新たな時代を迎え、神のみ子イエス・キリストが、旧約聖書に預言されている救世主として現われた。主イエスは「時が満ち、神の国は近くなった。悔い改めて福音を信じなさい。」（マルコ一・一五）と、宣言し、救世主の自覚をもって立ち上られた。

その教えは新しいものであったが、伝統あるユダヤ教の歴史や祭事、旧約聖書を否定されたのではない。神の人類救済の経論として、新しい意味を加え、すべての祭儀に参加しておられる。神の国の福音を語りつつ、十二人の弟子を選んで訓練し、いよいよ救いのみ業を成し遂げる時が来た。

過越の祭りの一週間は、特に多くの訣別のメッセージを語られている。いよいよ地上最後の日を迎え、十二弟子との地上の別れの最後の晩さんの後、パンとぶどう酒を用いておごそかに「聖餐の儀式」を始められた。

テーブルに用意された種なしパンを「取って食べなさい。これはわたしのからだです。」また杯を取り「みな、この杯から飲みなさい。これは、わたしの契約の血です。罪を赦すために多くの人のために流されるものです。…」（マタイ二六・二六—二八）と言われた。この言葉は弟子達には、その時何を意味しているのか、全く理解できなかった。ただ強くこの時の印象は、心に焼きつけられていた。

主イエスの心の中に一〇〇〇年前、エジプト脱出直前、羊がほふられ食べられ、その血を柱に塗った最初の過越の祭事が、よみがえっていた。その数時間後に、主イエスは十字架につけられ、槍で脇腹を突かれ、血を流して息を引き取ることなど、弟子たちは想像することも出来なかったであろう。

聖書全体を通して、「種なしパン」「過越の祭り」「聖餐式」「十字架」すべてはひとつの救いのドラマに結びついて完結している。ずっと後になって、もつれた糸が解けて、一本につながった糸のように弟子達も、そして聖書を救いの言葉として受け取る私たちは、神の壮大な歴史の中に変わることなく働かれるみ業を読み取るのである。

こうして今も、十字架は現実感をもって、私達に迫ってくる。しかし十字架をどんなに慕っても、再現することはできない。教会の礼拝の中で、繰り返し行われる聖餐式によって、十字架を新たに思い出し、心に描き、十字架の前に立つことが出来るのである。

「主イエスは、渡される夜、パンを取り、感謝をささげて後、それを裂き、こう言われました。『これはあなたがたのための、わたしのからだです。わたしを覚えて、これを行いなさい』夕食の後、杯をも同じようにして言われた。『この杯は、わたしの血による新しい契約です。これを飲むたびに、わたしを覚えて、これを行いなさい。』ですから、あなたがたは、このパンを食べ、この杯を飲むたびに、主が来られるまで、主の死を告げ知らせるのです。」（Ⅰコリント一一・二三―二六）

参考文献

鈴木宣弘　『現代の食料・農業問題』　創森社　2008
高橋五郎　『世界食料危機の時代』　論創社　2011
青沼陽一郎　『食料植民地ニッポン』　小学館　2005
北出俊昭　『食料・農業崩壊と再生』　筑波書房　2009
佐藤洋一郎　『食と農の未来』　地球研叢書　2012
椎名　隆　『有機農業と遺伝子組換食品』　丸善出版　平成23
西村和雄　『有機農業のコツの科学』　2004
足立恭一郎　『有機農業で世界が養える』　コモンズ社　2009
日本有機農業学界編　『いのち育む有機農業』　コモンズ社　2006
祖田　修　『食の危機と農の再生』　三和書籍　2010
祖田修編　『食と農を学ぶ人のために』　世界思想社　2010
見城美枝子　『ニッポンの食と農・この10年』　全国農業会議所　平成27
岩田進午　『健康な土・病んだ土』　新日本出版社　2004
小川　眞　『作物と土をつなぐ共生微生物』　農文協
久馬一剛　『土とは何だろうか？』　京都大学学術出版会　2005

児玉博之（こだま　ひろゆき）

1936年　岡山県に生まれる。
1954年　菓子・食料品卸会社入社。
三年後、結核を患い療養生活に入る。6年間の入院中にギデオン聖書贈呈を機に求道。受洗。
1964年　関西聖書神学校入学。
1968年　神学校卒業と同時に「宣教団・日本ミッション」に入団。病床伝道、巡回伝道、福音放送「よろこびの声」ラジオ伝道（25年間）に携わる。
1991年　日本ミッション退団。
日本聖約キリスト教団、カペナイトチャペル、ラウィール岡山。グレイスコート教会を歴任、退職。
1999年　岡山市西大寺新地に土地を購入、有機農業を始める。
2000年　日本キリスト伝道会・巡回伝道者に任命。
2007年　月間伝道誌「エデンの園」1号発行（主宰）現在に至る。
〒704-8122　岡山県岡山市東区西大寺新地 510-15
Tel/Fax　086-943-9440

著書　『母の愛・父の力』『わたしのすてきな赤ちゃん』（いずれも小学館）

＊聖書の引用は日本聖書刊行会『新改訳聖書』第三版より。

「エデンの園」に還れ　　定価（本体 1400 円＋税）
2016年 9 月 20 日　初版発行

著　者　児玉博之
発行所　一粒社
〒351-0101 埼玉県和光市白子 2-15-1-717
TEL（048）465-7496　FAX（048）465-7498
振替 00140-6-35458

印刷・SK 印刷
ISBN 978-4-87277-144-2